储能科学与工程专业"十四五"高等教育系列教材

储能科学与工程专业实验

主　编　翟玉玲　李舟航　李传常
副主编　黄晓艳　张　宁　李秀凤　张金亚

科学出版社
北　京

内 容 简 介

　　根据储能形式的多样性,本书设置了热工基础实验、化学储能实验、机械储能实验、相变储能实验和储能综合实验,共 5 个代表性的实验章节。并适当加入了产教融合、科教融汇的最新成果及优秀案例,力求让学生了解目前各种储能技术的现状,掌握储能专业基础理论知识和专业技能方面的多学科综合知识。

　　本书可供高等学校储能科学与工程、新能源科学与工程及相关能源类专业的教材,也可供从事能源存储与转换研究、开发的工程技术人员和研究人员参考。

图书在版编目(CIP)数据

储能科学与工程专业实验 / 翟玉玲, 李舟航, 李传常主编. -- 北京 : 科学出版社, 2024.9. -- (储能科学与工程专业"十四五"高等教育系列教材).--ISBN 978-7-03-079490-1

Ⅰ. TK02

中国国家版本馆 CIP 数据核字第 2024EQ7318 号

责任编辑:陈 琪 / 责任校对:王 瑞
责任印制:赵 博 / 封面设计:迷底书装

科 学 出 版 社 出版

北京东黄城根北街 16 号
邮政编码:100717
http://www.sciencep.com

保定市中画美凯印刷有限公司印刷

科学出版社发行　各地新华书店经销

*

2024 年 9 月第 一 版　开本:787×1092　1/16
2024 年 9 月第一次印刷　印张:11 3/4
字数:279 000

定价:59.00 元
(如有印装质量问题,我社负责调换)

储能科学与工程专业"十四五"高等教育系列教材
编委会

主　任

　　王　华

副主任

　　束洪春　李法社

秘书长

　　祝　星

委　员（按姓名拼音排序）

蔡卫江	常玉红	陈冠益	陈　来	丁家满
董　鹏	高　明	郭鹏程	韩奎华	贺　洁
胡　觉	贾宏杰	姜海军	雷顺广	李传常
李德友	李孔斋	李舟航	梁　风	廖志荣
林　岳	刘　洪	刘圣春	鲁兵安	马隆龙
穆云飞	钱　斌	饶中浩	苏岳锋	孙尔军
孙志利	王　霜	王钊宁	吴　锋	肖志怀
徐　超	徐旭辉	尤万方	曾　云	翟玉玲
张慧聪	张英杰	郑志锋	朱　焘	

序

储能已成为能源系统中不可或缺的一部分，关系国计民生，是支撑新型电力系统的重要技术和基础装备。我国储能产业正处于黄金发展期，已成为全球最大的储能市场，随着应用场景的不断拓展，产业规模迅速扩大，对储能专业人才的需求日益迫切。2020年，经教育部批准，由西安交通大学何雅玲院士率先牵头组建了储能科学与工程专业，提出储能专业知识体系和课程设置方案。

储能科学与工程专业是一个多学科交叉的新工科专业，涉及动力工程及工程热物理、电气工程、水利水电工程、材料科学与工程、化学工程等多个学科，人才培养方案及课程体系建设大多仍处于探索阶段，教材建设滞后于产业发展需求，给储能人才培养带来了巨大挑战。面向储能专业应用型、创新性人才培养，昆明理工大学王华教授组织编写了"储能科学与工程专业'十四五'高等教育系列教材"。本系列教材汇聚了国内储能相关学科方向优势高校及知名能源企业的最新实践经验、教改成果、前沿科技及工程案例，强调产教融合和学科交叉，既注重理论基础，又突出产业应用，紧跟时代步伐，反映了最新的产业发展动态，为全国高校储能专业人才培养提供了重要支撑。归纳起来，本系列教材有以下四个鲜明的特点。

一、学科交叉，构建完备的储能知识体系。多学科交叉融合，建立了储能科学与工程本科专业知识图谱，覆盖了电化学储能、抽水蓄能、储热蓄冷、氢能及储能系统、电力系统及储能、储能专业实验等专业核心课、选修课，特别是多模块教材体系为多样化的储能人才培养奠定了基础。

二、产教融合，以应用案例强化基础理论。系列教材由高校教师和能源领域一流企业专家共同编写，紧跟产业发展趋势，依托各教材建设单位在储能产业化应用方面的优势，将最新工程案例、前沿科技成果等融入教材章节，理论联系实际更为密切，教材内容紧贴行业实践和产业发展。

三、实践创新，提出了储能实验教学方案。联合教育科技企业，组织编写了首部《储能科学与工程专业实验》，系统全面地设计了储能专业实践教学内容，融合了热工、流体、电化学、氢能、抽水蓄能等方面基础实验和综合实验，能够满足不同方向的储能专业人才培养需求，提高学生工程实践能力。

四、数字赋能，强化储能数字化资源建设。教材建设团队依托教育部虚拟教研室，构建了以理论基础为主、以实践环节为辅的储能专业知识图谱，提供了包括线上课程、教学视频、工程案例、虚拟仿真等在内的数字化资源，建成了以"纸质教材+数字化资源"为特征的储能系列教材，方便师生使用、反馈及互动，显著提升了教材使用效果和潜在教学成效。

　　储能产业属于新兴领域，储能专业属于新兴专业，本系列教材的出版十分及时。希望本系列教材的推出，能引领储能科学与工程专业的核心课程和教学团队建设，持续推动教学改革，为储能人才培养奠定基础、注入新动能，为我国储能产业的持续发展提供重要支撑。

中国工程院院士　吴锋

北京理工大学学术委员会副主任

2024 年 11 月

前　言

党的二十大报告提出："加快推动产业结构、能源结构、交通运输结构等调整优化。"储能是我国新兴产业，储能科学与工程专业的设置是优化能源结构、实现"双碳"目标的重要举措。该专业属于能源类专业，致力于培养具有坚实的基础理论知识和广泛的交叉学科背景，掌握热能、电能、机械能、化学能等多种形式能量的存储和转化原理，能够应对能源存储与转换领域挑战的高素质专业人才。该专业应用性较强，而专业实验课则是连接理论知识与实习实践的有效桥梁。

本书结合实际教学与应用需求，面向应用型高校及应用型人才的培养要求编写而成。本书围绕储能技术的多样性，按照"基础实验—单一形式储能实验—综合储能实验"的编写思路，分为热工基础实验、化学储能实验、机械储能实验、相变储能实验和储能综合实验5章，分别介绍了热工基础和不同储能技术的前沿实验，并适当加入了产教融合、科教融汇的最新成果及优秀案例。同时，相应章节添加了部分数字资源，力争展示出储能技术发展的前沿知识。本书内容全面，系统性强，力求深化学生对专业知识的理解，使学生具备设计实验、分析处理数据、验证和解决储能科学与工程领域实际问题的能力，培养学生的实践能力和创新思维。

北京叁参研学科技有限公司为本书提供了相关资料、数字资源及工程案例。

由于编者水平有限，书中难免存在不足之处，恳请广大读者批评指正。

《储能科学与工程专业实验》编委会

2024 年 6 月

目　录

第1章 热工基础实验

1.1 雷诺实验

流体在管道内流动，当流速不同时，流体流动有两种不同的流态，即层流(或称滞流，laminar flow)和湍流(或称紊流，turbulent flow)，雷诺(Reynolds)于1883年首先发现这一现象。流体流动形态可用雷诺数(Re)来判断。通过实验观察流体层流和湍流的流动特征，并测定流体流量、温度等参数，进而计算雷诺数以判断流体的流态，这对于理解层流和湍流具有重要意义。

1.1.1 实验目的

(1) 观察流体在管内流动的两种不同流动形态。
(2) 测定临界雷诺数，掌握圆管流态的判断标准。
(3) 学习经典流体力学中应用无量纲参数进行实验研究的方法，并了解其实际意义。

1.1.2 实验装置

雷诺实验装置如图1.1.1所示，主要由玻璃实验管、转子流量计、流量调节阀、低位贮水槽、循环水泵、溢流稳压槽等部分组成，演示主管路是直径为20mm、厚2mm的硬质玻璃圆管。

本实验装置以红墨水为示踪剂，红墨水由红墨水贮槽经连接管和细孔喷嘴注入实验管。细孔玻璃注射管(或注射针头)位于实验管入口的轴线部位。实验前，先将水充满低位贮水槽，关闭转子流量计后的调节阀，然后启动循环水泵。待水充满溢流稳压槽后，开启流量计后的流量调节阀，水由溢流稳压槽流经缓冲槽、实验管和转子流量计，最后流回低位贮水槽。水流量可由流量计后的调节阀调节。

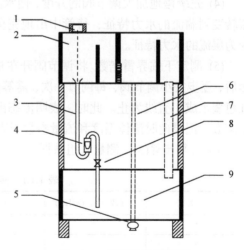

图 1.1.1　雷诺实验装置图
1-红墨水贮槽；2-溢流稳压槽；3-实验管；4-转子流量计；
5-循环水泵；6-上水管；7-溢流回水管；
8-流量调节阀；9-低位贮水槽

1.1.3 实验原理

同一种流体在同一管道中流动，当流速不同时，流体在流动过程中有两种不同的流态。当流速较小时，管中水流的全部质点以平行而不互相混杂的方式分层流动，这种形态的流体流动称为层流；当流速较大时，管中水流各质点间发生相互混杂的运动，这种形态的流体流动称为湍流。

实验过程中，保持水箱中水位恒定，即水头 H 不变，水流在圆管内的流动即为恒定流，则可采用如下所示的雷诺数来判别流态：

$$Re = \frac{du\rho}{\mu} \tag{1.1.1}$$

式中，Re 为雷诺数，无因次；d 为管子内径，m；u 为流体在管内的平均流速，m/s；ρ 为流体密度，kg/m³；μ 为流体黏度，Pa·s。

层流转变为湍流时的雷诺数称为临界雷诺数，用 Re_c 表示。工程上一般认为，流体在直圆管内流动，当 $Re<2320$ 时，为层流流态；当 $Re\geqslant4000$ 时，圆管内形成湍流；当 $2320<Re<4000$ 时，流体处于一种过渡状态，可能是层流，也可能是湍流，或者是二者交替出现。

1.1.4 实验方法及步骤

(1) 启动水泵，向溢流稳压槽加水，水箱充水至溢流水位。

(2) 水面稳定后，微微开启调节阀，使实验管中的水流有稳定且较小的流速。

(3) 调整红墨水流量控制阀，将红墨水注入实验管，并做精细调节，使红墨水的注入流速与实验管中主体流体的流速接近。此时，在实验管轴线方向可观察到一条平直的红色细流(若看不到这种现象，可再逐渐关小阀门，直到看到红色直线为止)。

(4) 先缓慢地加大调节阀的开度，使水流量平稳增大，通过红墨水直线的变化观察层流转变到湍流的水力特征，待管中出现完全湍流后，再逐步关小调节阀，观察由湍流转变为层流的水力特征。

(5) 测定下临界雷诺数。将调节阀开在较大开度，使实验管内水流处于完全湍流状态。然后，逐步关小调节阀，每调节一次，需等待一段时间，红线稳定后再观察其形态，直至红色墨水成一直线为止。此时，表明流态由湍流转化为层流，对应的雷诺数称为下临界雷诺数。记录此时流体温度和流量参数于表 1.1.1 中。

(6) 重复步骤(5)，测量 3 组数据。

表 1.1.1 实验数据记录表

实验次数	下临界流量 Q/(L/h)	温度/℃	流体流速/(m/s)	雷诺数(Re)
1				
2				
3				

1.1.5 实验报告

(1) 实验报告应详细记录实验目的、装置、原理、步骤、数据处理与分析、实验结果与讨论等内容。

(2) 根据实验测得数据，计算下临界雷诺数，并与理论值进行比较分析。

(3) 一定温度的流体在特定的圆管内流动，试讨论影响雷诺数的因素。

(4) 简述采用下临界雷诺数作为层流与湍流判据的原因。

(5) 水的温度变化时，试分析下临界雷诺数是否变化。

1.1.6　实验注意事项

(1) 实验用水应清洁，红墨水的密度应与水相当，实验过程中红墨水贮槽应放置平稳，避免振动。

(2) 溢流稳压槽水满后，进水阀门一定要关小，使稳压槽内水位稳定且保持一定的溢流，水面不能出现较大波动。

(3) 缓慢调节阀门，尤其当流量较小时，要注意控制每一次的调节量，并且每次调节阀门后，都须等待水流稳定。

(4) 调节阀门过程中，只许逐渐关小阀门，不许开大阀门。

(5) 重复测量间隔时间不能过短。

1.2　流体流速和流量测量实验

流体力学是一门研究流体本身的静止状态和运动状态，以及流体和固体界壁间有相对运动时的相互作用和流动规律的科学。流体运动过程中，流体流速和流量是用于描述流体运动特征和量度的两个重要参数。流量是指单位时间内通过某一横截面的流体体积，流速是指流体单位时间内通过某一横截面的体积。流量和流速之间存在密切关系，理解流量和流速的概念与计算方法，掌握流量和流速的实验测量方法，对于流体力学的研究和工程实践具有重要意义。

1.2.1　实验目的

(1) 掌握流体流量和流速的基本概念、单位及测量方法，理解流量测量在流体工程中的实际应用。

(2) 熟悉多管压力计与毕托管的工作原理、结构和使用方法。

(3) 学会用毕托管来测量矩形断面上的流速并计算流量。

1.2.2　实验装置

实验装置如图 1.2.1 所示，主要由离心式风机、多管压力计、标准毕托管、三维坐标架、流量测量实验段等组成。

将流量测量实验段出口横截面分成 16 个等分小格，如图 1.2.2 所示。在同一种流量情况下，用毕托管测量每个小格中心处的风速，取 16 个等分小格中心处风速的平均值作为出口断面的平均流速。

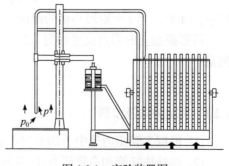

图 1.2.1　实验装置图

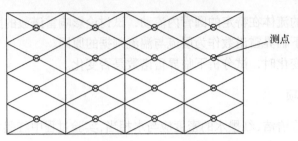

图 1.2.2　测点位置

1.2.3　实验原理

流体流动时的能量，对于不可压缩的理想流体，静压能、动压能、位压能三种能量之和为一常数。本实验中，流体的位能保持不变。因此，流体静压能与动压能之和为常数，称为全压能，如式(1.2.1)所示。

$$p_0 = p + \frac{u^2}{2}\rho \tag{1.2.1}$$

式中，p 为静压能，N/m^2；p_0 为全压能，N/m^2。

毕托管测量流速的原理就是根据式(1.2.1)，通过测得流体的 p_0 和 p 来算出流体速度。式(1.2.1)也可写为

$$p_0 - p = \frac{u^2}{2}\rho \tag{1.2.2}$$

$$u = \sqrt{2(p_0 - p)/\rho} \tag{1.2.3}$$

式中，p_0 为全压能，即全压力，N/m^2；p 为静压能，即静压力，N/m^2；ρ 为流体密度，kg/m^3。

全压力和静压力通常用毕托管来测量。毕托管实际上是由测全压力管和测静压力管组成的复合测管，它由两个同心的套管组成，中心管头部敞开，接受全压力，外套管头部封闭，而侧面开有许多小孔，接受静压力。使用时，毕托管必须迎向气流方向，接受真正的全压力，然后分别接到压力计上，测得全压力和静压力。

毕托管测得的为某点的局部速度，为了测定截面上的平均速度，必须将截面按面积均分为若干份，测定各份面积上的速度，然后求它们的算术平均值：

$$\bar{u} = \frac{\sum A_i u_i}{n \cdot A_i} = \frac{1}{n}(u_1 + u_2 + \cdots + u_n) \tag{1.2.4}$$

式中，A_i 表示第 i 个矩形小格的面积。

矩形截面上的测点位置如图 1.2.2 所示。当测得平均流速后，根据截面大小即可求得流量：

$$Q = \bar{u}A \tag{1.2.5}$$

1.2.4　实验方法及步骤

(1) 根据多管压力计中心的平衡水泡，调节多管压力计底部螺丝直至水平。

(2) 连接毕托管和多管压力计，旋转连通器底盘至多管压力计玻璃管中的水位到达一个整数值，作为初始位置并记录。

(3) 开动风机,将风机底部闸板固定在某一位置,移动毕托管底座测量每个方格中心处的全压力和静压力。

(4) 变换闸板位置,重复测量,将实验数据记录于表 1.2.1 中。

表 1.2.1　实验数据记录表　　　　　(单位:mmH₂O)

大气温度 $t=$ 　℃　　　空气密度 $\rho=$ 　kg/m³　　　实验段截面积 $F=$ 　m²

测点	风速 I		风速 II		风速 III	
	$h_全$	$h_静$	$h_全$	$h_静$	$h_全$	$h_静$
1						
2						
3						
4						
5						
6						
7						
8						
9						
10						
11						
12						
13						
14						
15						
16						

注:① $h_全$ 指与毕托管测全压端相连的多管压力计液柱高度, $h_静$ 指与毕托管测静压端相连的多管压力计液柱高度。

② 1mmH₂O = 9.80665Pa。

1.2.5　实验报告

(1) 实验报告应详细记录实验目的、装置、原理、步骤、数据处理与分析、实验结果与讨论等内容。

(2) 分别计算三个不同风速下的流速和流量。

(3) 如果所测管道为圆形截面,应如何处理求其平均流速,从而确定流量?

(4) 用毕托管测量时为什么一定要对准来流方向,还应注意什么?

1.2.6　实验注意事项

(1) 测量过程中毕托管务必保持垂直,倾斜会导致测量的数据不准。

(2) 离心式风机必须在关闭风门的情况下启动。

(3) 在改变流速时,应逐步进行,避免对设备造成冲击或损坏。

(4) 改变风速后,须待流动稳定后读数,读数时视线与柱内液面的最低点平行为标准。

(5) 实验结束后,及时关闭离心式风机,整理实验设备和场地。

1.3　伯努利定理验证实验

伯努利定理由瑞士流体物理学家丹尼尔·伯努利首次提出，也称为恒定流能量方程，是流体力学中一条非常重要的基本原理，在工程中有较为广泛的应用。因此，伯努利定理验证实验是流体力学的基本实验之一，实验中涉及温度、压力、流量等基本参数的测量。实际生产中，任何运动的流体都遵守质量守恒定律和能量守恒定律，这是研究流体力学性质的基本出发点。通过实验验证伯努利定理，这对于质量守恒定律和能量守恒定律的理解具有重要意义。

1.3.1　实验目的

(1) 观察动压头、静压头和位压头随管径、流量的变化情况，验证伯努利方程，加深对伯努利方程的理解。

(2) 定量考察流体流经收缩、扩大管段时，流体流速与管径的关系，验证连续性方程。

(3) 掌握使用流体流速、流量、压强等流动参数的实验测量方法，培养实验设计和操作能力。

1.3.2　实验装置

实验所用设备由流体力学基本水循环实验台和伯努利定理验证实验模块组成，实验装置系统如图 1.3.1 所示。

流体力学基本水循环实验台为带循环水供应的移动式独立工作台，它以不同的流速直接向伯努利定理验证实验模块提供水源，并配置压力和数字流量显示；伯努利定理验证实验模块由文丘里管、流量控制阀、上方歧管、下层穿板和多管压力计等组成。流体力学基本水循环实验台供水自左至右流过文丘里管，文丘里管分为收缩段、喉部和扩张段，结构图如图 1.3.2 所示。流量控制阀可控制通过文丘里管的水流量，多管压力计用于直接测量流体静压，取图 1.3.2 中的 A、D、K 三个测压点进行实验研究。该系统可用于验证 12~35 L/min 流量范围内水流的伯努利方程。

(a) 流体力学基本水循环实验台

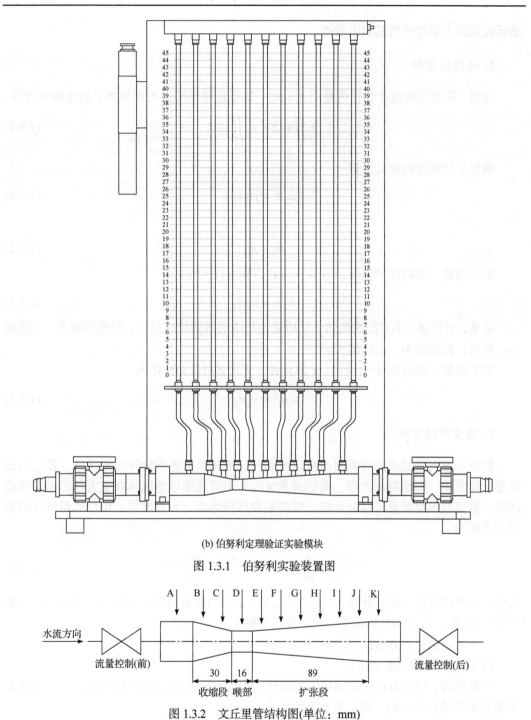

(b) 伯努利定理验证实验模块

图 1.3.1　伯努利实验装置图

图 1.3.2　文丘里管结构图(单位：mm)

1.3.3　实验原理

工程实际中的流体输送多在密闭的管道中进行，因此研究流体在管内的流动是流体力学中一个重要课题。一切运动着的流体，其所具有的能量在不停转化。在转化过程中，能量从一种形式转化为另外一种形式，既遵循能量守恒定律，也遵循质量守恒定律，这是研究流体力学性质的基本出发点。

1. 连续性方程

理想、不可压缩流体在管内稳定流动时，其质量守恒形式表现为如下的连续性方程：

$$\rho_1 \iint_1 v \mathrm{d}A = \rho_2 \iint_2 v \mathrm{d}A \tag{1.3.1}$$

根据平均流速的定义，有

$$\rho_1 u_1 A_1 = \rho_2 u_2 A_2 \tag{1.3.2}$$

即

$$m_1 = m_2 \tag{1.3.3}$$

对于均质、不可压缩流体，$\rho_1 = \rho_2 = C$，则式(1.3.2)变为

$$u_1 A_1 = u_2 A_2 \tag{1.3.4}$$

可见，对均质、不可压缩流体，平均流速与流通截面积成反比，即面积越大，流速越小；反之，面积越小，流速越大。

对于圆管，截面积 $A = \mu \pi d^2/4$，d 为直径，于是式(1.3.4)转化为

$$u_1 d_1^2 = u_2 d_2^2 \tag{1.3.5}$$

2. 能量守恒方程

均质、不可压缩流体在管路内稳定流动时，流体除遵循质量守恒定律外，还应满足能量守恒定律，即伯努利方程。其物理意义为：不可压缩理想流体在重力场中做定常流动时，沿流线单位质量流体的动能、位势能和压强势能之和是常数。单位质量流体的伯努利方程为

$$z_1 + \frac{u_1^2}{2g} + \frac{p_1}{\rho g} + h_e = z_2 + \frac{u_2^2}{2g} + \frac{p_2}{\rho g} + h_f \tag{1.3.6}$$

式中，各项均具有高度的量纲，z 称为位压头，$u^2/(2g)$ 称为动压头(速度头)，$p/(\rho g)$ 称为静压头(压力头)，h_e 称为外加压头，h_f 称为压头损失。

关于上述伯努利方程的讨论如下。

1) 理想流体的伯努利方程

无黏性的，即没有黏性摩擦损失的流体，称为理想流体，理想流体的 $h_f=0$，若此时又无外加功加入($h_e = 0$)，则伯努利方程变为

$$z_1 + \frac{u_1^2}{2g} + \frac{p_1}{\rho g} = z_2 + \frac{u_2^2}{2g} + \frac{p_2}{\rho g} \tag{1.3.7}$$

式(1.3.7)为理想流体的伯努利方程。该式表明，理想流体在流动过程中，总机械能保持不变。

2) 静止流体的伯努利方程

若流体静止，则 $u=0$，$h_e=0$，$h_f=0$，于是伯努利方程变为

$$z_1+\frac{p_1}{\rho g}=z_2+\frac{p_2}{\rho g} \tag{1.3.8}$$

式(1.3.8)即为流体静力学方程，可见流体静止状态是流体流动的一种特殊形式。

1.3.4　实验方法及步骤

(1) 熟悉实验系统，了解实验装置组成、各部件作用、工作原理及操作流程，如循环泵的开、关以及流量控制阀的开、关等。

(2) 检查实验设备是否完好，管道连接紧密、无泄漏，确保其能够正常工作。

(3) 保持左侧流量控制阀打开，右侧流量控制阀处于半开状态；启动循环泵，使水充满文丘里管，此时注意看测点处于管中，是否有气泡，如果有，要及时排出，并观察当流量调节阀全部关闭时所有测压管水平面是否平齐；若不平齐，则用手动泵将气泡泵出或者检查管内有无异物堵塞，确保所有测压管水面平齐以后才可以进行实验。

(4) 打开循环泵，并使左侧的流量控制阀全开，使其管内充满水，并进入测试管中；通过调整右侧流量控制阀的开关程度来观察测压管内不同测压点对应测压管液位的变化。

(5) 逐步开大或关小右侧流量调节阀，测定若干流量工况各测压点相关参数并记录实验数据于表 1.3.1 中，分析讨论流体流过不同位置处的能量转换关系并得出结论。

(6) 关闭步骤(3)中所有开启的阀门及循环泵，断开电源，清除残留在设备中的水流，结束实验。

表 1.3.1　伯努利方程验证实验各流量工况实验数据记录表

流量/(L/min)	液柱高度/mm		
	A	D	K
...			

1.3.5　实验报告

(1) 实验报告应详细记录实验目的、装置、原理、步骤、数据处理与分析、实验结果与讨论等内容。

(2) 比较分析相同流量下测压点 A、D 相关参数，验证质量守恒定律，并进行误差分析。

(3) 比较分析相同流量下测压点 D 与 K 动压头、静压头和位压头的相互转换规律，验证伯努利方程。

(4) 对比相同流量下测压点 A、D 和 K 对应测压管的液柱高度，分析引起液柱高度不同的原因，并讨论不同流量下三者的高度差值。

1.3.6　实验注意事项

(1) 每次实验开始前，需先清洗整个管路系统，即先使管内流体流动数分钟，检查阀门、管段有无堵塞或漏水情况。

(2) 实验前，装置管道内的空气必须排干净，且流量调节阀全关时所有测压管水平面必须保证平齐。

(3) 调节流量时，应逐渐增大或逐渐减小；改变流量后，必须待流动稳定后再记录数据。右侧流量控制阀开启一定要缓慢，不要使测压管水面下降太多，以免空气倒吸入管路系统，影响实验。

1.4　常功率平面热源法测量导热系数及热扩散系数实验

导热系数是衡量物质导热性能的重要参数，锅炉制造、房屋设计、冰箱生产等工程实践中都要涉及。通过研究物质的导热系数，可以了解物质组成及其内部结构，所以导热系数的研究和测定有着重要的实际意义。导热系数的测定方法包括稳态法和非稳态法。非稳态法基于热传导的非稳态条件。在非稳态条件下，物体的温度分布随时间变化，且变化规律不受实验规律的影响。

1.4.1　实验目的

(1) 巩固和深化对非稳态导热理论的理解，更直观地认识非稳态导热过程中温度的变化。

(2) 学习用常功率平面热源法同时测定绝热材料的导热系数 λ 和热扩散系数 a 的实验方法和技能。

(3) 掌握获得非稳态温度场的方法。

(4) 加深理解导热系数 λ 和热扩散系数 a 对温度场的影响。

1.4.2　实验装置

实验装置及测试原理图如 1.4.1 所示。试材Ⅰ、Ⅱ、Ⅲ的材料相同，其厚度分别为 x_1、

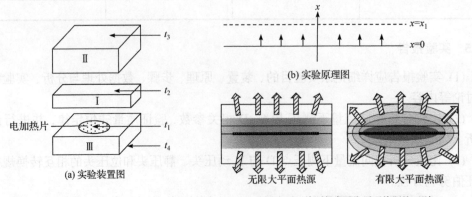

(a) 实验装置图
(b) 实验原理图
(c) 无限大平面热源与有限大平面热源的区别

图 1.4.1　实验装置及原理图

δ 和 $x_1+\delta$。试材 I 的长宽是厚度的 8～10 倍。试材 I 和Ⅲ之间放置一个均匀的平面电加热片。电加热片用直流稳压电源供电。

在试材 I 的上、下表面分别装有铜-康铜热电偶 2 和热电偶 1，用以测试试材 I 上、下表面的温度 t_2 和 t_1；热电偶 3 和热电偶 4 则分别用来测试试材Ⅱ的上表面温度 t_3 和试材Ⅲ的下表面温度 t_4。

1.4.3 实验原理

由于采用对称加热面方法，平面热源的加热功率实际为总加热功率的一半，单侧热流密度 q_0 为

$$q_0 = \frac{U^2}{2RF} \tag{1.4.1}$$

式中，U 为加热电压；R 为加热片电阻；F 为加热片面积。

根据非稳态导热过程的基本理论，在初始温度 t_0 分布均匀的半无限大的物体中，从时间 $\tau = 0$ 起，半无限大的物体表面(即图 1.4.1 中 $x = 0$ 的平面)受均匀分布的平面热源 q_0 的作用，在常物性条件下，离表面 x 处的温升 $\theta_{x,\tau} = t_{x,\tau} - t_0$ 为

$$\theta_{x,\tau} = \frac{2q_0}{\lambda}\sqrt{a\tau}\,\mathrm{ierfc}\left(\frac{x}{2\sqrt{a\tau}}\right) \tag{1.4.2}$$

式中，λ 和 a 为试材导热系数和热扩散系数；τ 为时间。令

$$\xi = \frac{x}{2\sqrt{a\tau}} \tag{1.4.3}$$

$\mathrm{ierfc}(\xi)$ 代表变量 ξ 的高斯误差补函数(表 1.4.1)的一次积分，即

$$\mathrm{ierfc}(\xi) = \int_{\xi}^{\infty}\mathrm{ierfc}(\xi)\mathrm{d}\xi \tag{1.4.4}$$

当 $\tau > 0$，$x = 0$ 时，有

$$\mathrm{ierfc}\left(\frac{x}{2\sqrt{a\tau}}\right) = \mathrm{ierfc}(0) = \frac{1}{\sqrt{\pi}} \tag{1.4.5}$$

于是，由式(1.4.2)可知：

$$\theta_{0,\tau} = \frac{2q_0}{\lambda}\sqrt{a\tau}\,\frac{1}{\sqrt{\pi}} \tag{1.4.6}$$

如果分别测定 τ_i 时刻 $x = 0$ 处与 τ_j 时刻 $x = x_1$ 处的温升，根据式(1.4.2)和式(1.4.6)可得

$$\frac{\theta_{x_1,\tau_j}}{\theta_{0,\tau_i}}\sqrt{\frac{\tau_i}{\tau_j}} = \sqrt{\pi}\,\mathrm{ierfc}\left(\frac{x_1}{2\sqrt{a\tau_j}}\right) \tag{1.4.7}$$

令(建议本实验中，可以统一将 τ_i 和 τ_j 取为同一时刻，即 $\tau_i = \tau_j = \tau$)

$$\phi = \frac{\theta_{x_1,\tau_j}}{\theta_{0,\tau_i}}\sqrt{\frac{\tau_i}{\tau_j}} \tag{1.4.8}$$

于是，由已测定的量 ϕ 可以求出：

表 1.4.1　高斯误差补函数的一次积分表

ξ	ierfc(ξ)	ξ	ierfc(ξ)	ξ	ierfc(ξ)	ξ	ierfc(ξ)	ξ	ierfc(ξ)
0.00	0.5642	0.14	0.4352	0.28	0.3278	0.42	0.2409	0.62	0.1482
0.01	0.5642	0.15	0.4268	0.29	0.3210	0.43	0.2354	0.64	0.1407
0.02	0.5444	0.16	0.4186	0.30	0.3142	0.44	0.2300	0.66	0.1335
0.03	0.5330	0.17	0.4104	0.31	0.3175	0.45	0.2247	0.68	0.1267
0.04	0.5251	0.18	0.4024	0.32	0.3010	0.46	0.2195	0.70	0.1201
0.05	0.5156	0.19	0.3944	0.33	0.2945	0.47	0.2144	0.72	0.1138
0.06	0.5062	0.20	0.3866	0.34	0.2882	0.48	0.2094	0.74	0.1077
0.07	0.4969	0.21	0.3789	0.35	0.2819	0.49	0.2045	0.76	0.1020
0.08	0.4879	0.22	0.3714	0.36	0.2758	0.50	0.1996	0.78	0.0965
0.09	0.4787	0.23	0.3638	0.37	0.2722	0.52	0.1902	0.80	0.0912
0.10	0.4698	0.24	0.3546	0.38	0.2637	0.54	0.1811	0.82	0.0861
0.11	0.4610	0.25	0.3491	0.39	0.2579	0.56	0.1724	0.84	0.0813
0.12	0.4523	0.26	0.3419	0.40	0.2521	0.58	0.1640	0.86	0.0767
0.13	0.4437	0.27	0.3348	0.41	0.2465	0.60	0.1559	0.88	0.0724
0.90	0.0682	0.98	0.0535	1.30	0.0183	1.70	0.0038		
0.92	0.0642	1.00	0.0503	1.40	0.0127	1.80	0.0025		
0.94	0.0605	1.10	0.0365	1.50	0.0086	1.90	0.0016		
0.96	0.0569	1.20	0.0260	1.60	0.0058	2.00	0.0010		

$$\text{ierfc}\left(\frac{x_1}{2\sqrt{a\tau_j}}\right) = \frac{1}{\sqrt{\pi}}\phi \tag{1.4.9}$$

从数学函数表可确定自变量：

$$\xi_{x_1} = \frac{x_1}{2\sqrt{a\tau_j}} \tag{1.4.10}$$

从而计算出相应于该测试温度范围 $t_{0,\tau_j} \sim t_{x_1,\tau_j}$ 的平均温度 $t = \left(t_{0,\tau_j} + t_{x_1,\tau_j}\right)/2$ 时的热扩散系数 a 为

$$a = \frac{x_1^2}{4\xi_{x_1}^2\tau_j} \tag{1.4.11}$$

将 a 的值代入式(1.4.6)，可求出试材的导热系数 λ 为

$$\lambda = \frac{2q_0}{\theta_{0,\tau_i}}\sqrt{a\tau_i}\frac{1}{\sqrt{\pi}} \tag{1.4.12}$$

1.4.4　实验方法及步骤

(1) 测出试材 I 的厚度 x_1。

(2) 安装热电偶及试材。热电偶 1 与加热片集成于试材 I 下表面的中间位置处，热电偶 2 贴在试材 I 的上表面中间位置处，热电偶 3 和 4 贴在试材 II 上表面和试材 III 下表面的中间位置处。组装好试材，关闭试材罩。

(3) 仔细检查各接线线路和热电偶测量线路。

(4) 记录加热片参数以便计算平面热源功率。记录 t_2 测点距热源距离 x_1，记录初始时刻的 t_1、t_2、t_3、t_4。

(5) 通过触摸屏左下设定实验代号，设置试样厚度、加热电压、加热片直径、实验时间、温度保护，确认无误然后点击"开始实验"按钮(电压设置推荐 2～10 V，开始实验后不能再改变电压设定)；实验操作界面如图 1.4.2 所示。部分试样推荐电压见表 1.4.2。

(6) 加热过程中监测试材顶端和底端温度测点 t_3、t_4 是否发生变化，如果不发生变化，则满足半无限大物体导热的规律，每隔 1～2 min 记录一组温度值 t_1、t_2、t_3、t_4，共记录 10 组。若 t_3、t_4 有明显温升，证明导热过程已穿透试材 II、III，继续测试的数据无效；当测试满足系统预设条件后，测试自动终止，也可通过点击"结束实验"按钮手动停止测试。

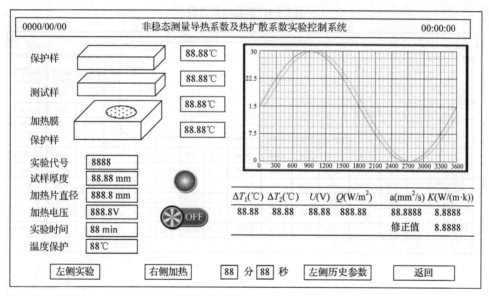

图 1.4.2 实验操作界面

表 1.4.2 部分试样性质与建议加热电压

试样名称	导热系数估值/(W/(m·K))	试样厚度/mm	推荐加热电压/V	推荐数据区间/s
保温板	0.036	15	2.0～2.4	500～900
聚氨酯板	0.2	10	7.0～8.0	1800～2400
聚乙烯板	0.5	10	8.5～9.5	1800～2400

(7) 实验结束后，点击右下角"历史参数"按钮，进入实验数据浏览界面，如图 1.4.3 和图 1.4.4 所示。将 U 盘插入数据接口，点击对应实验数据时间段进行选择，然后点击屏幕左上角"导出数据"按钮进行下载。

时间	实验代号	左试样厚度	左加热片直径	左试样温差	左中心温差	左侧热扩散系数	左侧导热系数	左侧温度1	左侧温度2	左侧温度3	左侧温度4	左实验运行时间	加热电压修正值	单侧热流密度	左导热系数修正
2024-02-26 13:44:05	0	0.00	0.00	0.00	0.00	0.0000	0.0000	21.38	21.34	21.93	21.44	131	0.00	0.00	0.0000
2024-02-26 13:43:55	0	0.00	0.00	0.00	0.00	0.0000	0.0000	21.38	21.34	21.93	21.42	131	0.00	0.00	0.0000
2024-02-26 13:43:45	0	0.00	0.00	0.00	0.00	0.0000	0.0000	21.36	21.34	21.91	21.42	131	0.00	0.00	0.0000
2024-02-26 13:43:55	0	0.00	0.00	0.00	0.00	0.0000	0.0000	21.36	21.32	21.89	21.4	131	0.00	0.00	0.0000
2024-02-26 13:43:25	0	0.00	0.00	0.00	0.00	0.0000	0.0000	21.34	21.32	21.87	21.38	131	0.00	0.00	0.0000
2024-02-26 13:43:15	0	0.00	0.00	0.00	0.00	0.0000	0.0000	21.34	21.31	21.87	21.38	131	0.00	0.00	0.0000
2024-02-26 13:42:05	0	0.00	0.00	0.00	0.00	0.0000	0.0000	21.32	21.29	21.85	21.38	131	0.00	0.00	0.0000
2024-02-26 13:42:55	0	0.00	0.00	0.00	0.00	0.0000	0.0000	21.31	21.29	21.83	21.36	131	0.00	0.00	0.0000
2024-02-26 13:42:45	0	0.00	0.00	0.00	0.00	0.0000	0.0000	31.32	21.29	21.83	21.34	131	0.00	0.00	0.0000
2024-02-26 13:42:35	0	0.00	0.00	0.00	0.00	0.0000	0.0000	21.31	21.27	21.81	21.34	131	0.00	0.00	0.0000

图 1.4.3　实验结果查看

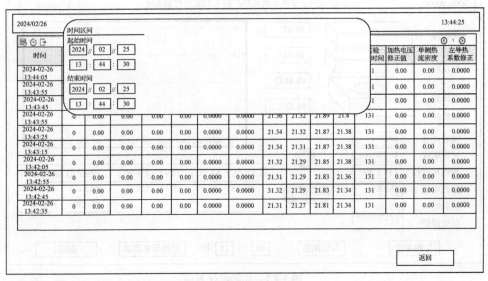

图 1.4.4　实验结果选择日期查看

1.4.5　实验报告

(1) 实验报告应详细记录实验目的、装置、原理、步骤、数据处理与分析、实验结果与讨论等。

(2) 绘制实验装置系统简图。

(3) 根据实验过程中计算机采集到的原始数据，计算从 300 s 到实验结束(间隔 30 s)的导热系数 λ 和热扩散系数 a。

(4) 根据实验结果画图：①热源温度 t_1 和距热源 x_1 处温度 t_2 随时间 τ 的变化关系曲线；②导热系数 λ 随时间 τ 的变化曲线；③热扩散系数 a 随时间 τ 的变化曲线。并结合物性和导热机理对②和③的变化规律进行分析。

(5) 根据半无限大物体非稳态导热理论解，结合实验条件(x_1、q_0、τ 等参数均取本次实验值)，作图分析 λ 和 a 值对非稳态导热过程的影响：①固定 λ，改变 a(a 取不同的量级)，研究 a 对 t_2-τ 温升曲线的影响；②固定 a，改变 λ(λ 取不同的量级)，研究 λ 对 t_2-τ 温升曲线的影响。

1.4.6　实验注意事项

(1) 实验应在教师指导下进行。
(2) 试材温度不宜超过 60℃。
(3) 实验完成后及时关机断电，避免加热器长时间工作。

1.5　强迫对流单管对流换热系数的测定

对流换热是三种基本传热方式之一，分为自然对流和强迫对流两种。一般情况下，强迫对流换热系数高于自然对流换热系数。强迫对流换热系数是指在强制气流条件下，通过气体与固体表面之间的热传递过程，单位面积上的热量传递率与温度差之比。该系数是描述气体与固体表面间传热特性的重要参数，广泛应用于空调、暖通和化工等领域。

1.5.1　实验目的

(1) 了解对流换热的实验研究方法。
(2) 测定空气横向流过单管表面时的平均对流换热系数 h，并将实验数据整理成准则方程式。
(3) 学习测量风速、温度、热量的基本技能。

1.5.2　实验装置

本次对流换热实验在一实验风洞中进行，如图 1.5.1 所示。实验风洞主要由风洞本体、

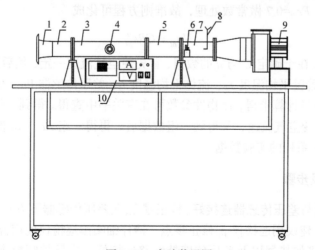

图 1.5.1　实验装置图
1-双扭曲线进网口；2-蜂窝器阻尼网；3-测试端；4-加热器；5-收缩段；
6-差压传感器；7-测速段；8-毕托管；9-风机；10-电控箱

风机、构架、实验管及其加热器、差压传感器、毕托管、电流表、电压表、巡检仪及可调直流稳压电源等组成。由于实验段有两段整流，可使进入实验段前的气流稳定。毕托管置于测速段，测速段截面比实验段小，可使流速提高，测量准确。风量由风量调节旋钮调节。

实验风洞中安装了一根实验管，管内装有电加热器作为热源，管壁嵌有三支热电偶以测壁温。

1.5.3 实验原理

根据相似原理，流体受迫外掠物体时的对流换热系数 h 与流速、物体几何形状及尺寸、流体物性间的关系可用下列方程描述：

$$Nu = f(Re, Pr) \tag{1.5.1}$$

实验研究表明，流体横掠单管表面时，一般可将式(1.5.1)整理成下列具体的指数形式：

$$Nu_m = CRe_m^n \cdot Pr_m^n \tag{1.5.2}$$

式中，C、n、m 均为常数，由实验确定。

努塞特准则：
$$Nu = \frac{hd}{\lambda}$$

雷诺准则：
$$Re = \frac{du\rho}{\nu}$$

普朗特准则：
$$Pr = \frac{c_p \nu}{\lambda}$$

上述各准则中，d 为实验管外径，作为定性尺寸；u 为流体流过实验管外最窄面处的流速；λ 为流体导热系数；h 为对流换热系数；ν 为流体运动黏度；c_p 为流体比定压热容；ρ 为流体的密度。

准则角码 "m" 表示用管壁和流体的平均温度 $t_m = (t_w - t_f)/2$ 作为定性温度。鉴于实验中流体为空气，$Pr_m = 0.7$ 做常数处理，故准则方程可化成

$$Nu_m = CRe_m^n \tag{1.5.3}$$

本实验的任务在于确定 C 与 n 的数值，首先使空气流速一定，然后测定有关的数据：电流 I、电压 V、管壁平均温度 t_w、流体平均温度 t_f、差压传感器 Pa。至于 h 在实验中无法直接测得，可通过计算求得，而物性参数可在有关书中查得。得到一组数据后，可得一组 Re、Nu 值，改变空气流速，又得到一组数据后，再得一组 Re、Nu 值，改变几次空气流速，就可得到一系列的实验数据。

1.5.4 实验方法及步骤

(1) 将毕托管与差压传感器连接好、校正零点(在差压传感器下方有调节电位器，R 为零点、Z 为满度；建议用巡检仪 p_b 修正零点，请仔细阅读巡检仪使用说明书)；连接热电偶与电控箱，再将加热器以及差压传感器线路连接好，指导教师检查确认无误后，启动风机。

(2) 将电源线与电源连接、启动风机，打开风机开关，旋转调节风量旋钮使风机运行，

根据实验要求使风机保持一定的转速。

(3) 将加热开关打开，根据需要调整加热调节旋钮，使其在某一热负荷下加热，并保持不变，使壁温达到稳定(壁温热电偶在 3 min 内保持读数不变，即可认为已达到稳定状态)后，开始记录电流、电压、加热管壁温度与空气进出口温度及差压传感器的读数。

(4) 在一定热负荷下，通过调整风量来改变 Re 的大小，因此保持直流稳压电源的输出电压不变，依次调节风机的风量，在各个不同的开度下测得其动压头，空气进、出口温度以及管壁温的读数，即为不同风速下，同一负荷时的实验数据。

(5) 不同热负荷条件下的实验，仅需利用加热旋钮改变电加热器的功率，重复上述实验步骤即可，将实验数据记录于表 1.5.1 中。

(6) 实验完毕后，先切断实验管加热电源，待实验管冷却后再停止风机。

表 1.5.1　实验数据记录表

加热器的电流 $I=$ 　　　　功率 $W=$

序号	1	2	3	4	5	6
风压						
W_{ce}						
W_{shi}						
t_1						
t_2						
t_3						
t_4						
t_5						
Q_r						
a						

(7) 数据计算公式。

① 壁面平均对流换热系数 h 的计算。

电加热器所产生的总热量 Q，除以对流传热方式由管壁传给空气外，还有一部分是以辐射传热方式传出去的。因此，对流放热量 Q_C 为

$$Q_C = Q - Q_r = IV - Q_r \tag{1.5.4}$$

$$Q_r = \varepsilon C_0 F \left[\left(\frac{T_w}{100} \right)^4 - \left(\frac{T_f}{100} \right)^4 \right] \tag{1.5.5}$$

式中，Q_r 为辐射换热量；ε 为试管表面黑度，$\varepsilon = 0.6 \sim 0.7$；$C_0$ 为绝对黑体辐射系数，$C_0 = 5.67$；T_w 为管壁面的平均温度；T_f 为流体的平均温度；F 为管表面积。

根据牛顿冷却公式，壁面平均对流换热系数为

$$h = \frac{Q_C}{(T_w - T_f) F} \tag{1.5.6}$$

② 空气流速的计算。

采用毕托管在测速段截面中心点进行测量，由于实验风洞测速段分布均匀，因此不必进行截面速度不均匀的修正。

采用差压传感器测得的值的单位为 Pa。1 Pa = 0.102 mmH$_2$O。

$$W_{ce} = \sqrt{\frac{2 \times 9.81}{\rho} \Delta P} \qquad (1.5.7)$$

式中，ΔP 为毕托管测得空气流动的动压；ρ 为密度。

由式(1.5.7)所得的流速是测速截面外的流速，而准则方程中的流速 W_{ce} 则是指流体流过实验管最窄截面的流速，由连续性方程：

$$W_{ce} \cdot F_{ce} = W_{shi}(F_{shi} - L \cdot d \cdot n) \qquad (1.5.8)$$

$$W_{shi} = \frac{W_{ce} \cdot F_{ce}}{F_{shi} - L \cdot d \cdot n} \qquad (1.5.9)$$

式中，F_{ce} 为测速处流道截面积，$F_{ce} = (80 \times 60)\,mm^2$；$F_{shi}$ 为放试管处流道截面积，$F_{shi} = (200 \times 80)\,mm^2$；$L$ 为实验管有效管长，$L = 200\,mm$；d 为实验管外径，$d = 20\,mm$；n 为实验管数，$n = 1$；W_{ce} 为测速处流体流速；W_{shi} 为实验管截面处流速。

③ 确定准则方程。

将数据代入，得到准则数，即可在以 Nu_m 为纵坐标、以 Re_m 为横坐标的常用对数坐标图上得到一些实验点，然后用直线连起来，因为 $Nu_m = CRe_m^n$，所以

$$\lg Nu_m = \lg C + n\lg Re_m \qquad (1.5.10)$$

$\lg C$ 为直线的截距，n 为直线的斜率，取直线上的两点：

$$n = \frac{\lg Nu_2 - \lg Nu_1}{\lg Re_2 - \lg Re_1} \qquad (1.5.11)$$

$$C = \frac{Nu_1}{Re^n} \qquad (1.5.12)$$

即可得出具体的准则方程 $Nu = CRe^n$。

对于单管外放热，本书推荐的准则方程为 $Nu = 0.26Re^{0.6}$。

1.5.5　实验报告

(1) 实验报告应详细记录实验目的、装置、原理、步骤、数据处理与分析、实验结论与讨论等内容。

(2) 作出 $\lg Nu = n\lg Re + C$ 的图线，得出拟合直线的斜率和截距。

(3) 将所得准则方程和本书中给出的准则方程进行对比，分析误差原因。

(4) 分析改变加热器的功率对准则方程有什么影响。

1.5.6　实验注意事项

施加电流不得超过 50 A。实验完毕后应先将加热旋钮调到零，关闭加热开关，风机调至最大，待实验管冷却后再停止风机。

1.6　大容器内水沸腾换热实验

沸腾换热是传热科学的重要内容，其常见于锅炉、蒸发器等设备中。由于换热系数大，其也常用于一些需要强冷却和强化传热的场合，如火箭发动机、核反应堆堆芯和热管技术等。水的沸腾换热特性，不仅具有典型性，而且具有广泛的使用意义。

1.6.1　实验目的

(1) 通过本实验观察水在大容器内沸腾的现象，建立起水泡状沸腾的感性认识。

(2) 测定水泡状沸腾放热时的换热系数，绘制大容器内水泡状沸腾的换热特性曲线 q-Δt 与 h-Δt 曲线。

1.6.2　实验装置

图 1.6.1 为实验设备的本体，其试件为不锈钢薄壁管 1。其两端通过电极管 3 引入低压直流电流，将不锈钢管加热。管子放在盛有蒸馏水的玻璃容器 4 中，在饱和温度下，调节直流电源的电压，可改变管子表面的热负荷，能观察到气泡的形成、扩大、跃离过程，以及泡状核心随着管子热负荷提高而增加的现象。管子的发热量由流过加热管的电流及其工作段的电压来确定。为排除试件端部的影响，在 a、b 两点测量工作段的电压，以确定通过 a、b 表面的散热量 Q。试件外壁温度 t_2 受周围水的影响，很难直接测定，对于不锈钢管试件，可利用插入管内的镍铬-镍硅热电偶 2 测出管内壁温度 t_1，再通过计算求出 t_2。

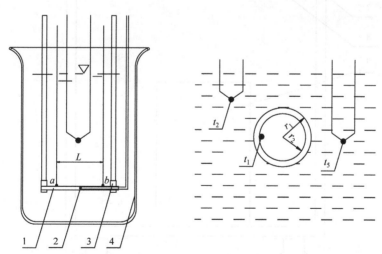

图 1.6.1　实验装置图

要达到上述基本要求，整个实验装置见图 1.6.2。加在试件管子两端的直流低压大电流由直流电源 7 供给，改变直流电源的电压可调节钢管两端的电压及流过的电流，利用 a、b 两点可测得试件实际电压值。为方便起见，本实验台中省略了冰瓶，测量管内壁温度的热电偶的参考点温度不是 0℃，而是容器内水的饱和温度 t_s，即其热端热电偶 13 放

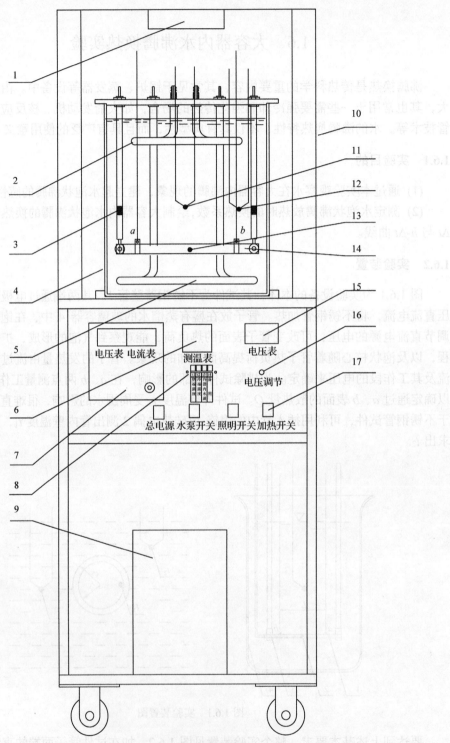

图 1.6.2　实验装置图

1-导流风机；2-冷却水盘管；3-试件支架；4-玻璃容器；5-辅助加热器；6-采集温度仪表；7-直流电源；
8-温度点采集开关；9-冷却循环水箱；10-外护罩；11-冷端热电偶；12-容器内水温测点；13-热端热电偶；
14-试件本体；15-辅助加热电压表；16-辅助加热调节旋钮；17-控制开关组

在管内，冷端热电偶 11 放在蒸馏水中，所以热电偶反映的是管内壁温度与容器内水的饱和温度之差，容器内水的饱和温度 t_s 用温度点采集开关 8 测量。为使蒸馏水达到饱和温度，实验前先用辅助电热器将水加热到沸腾，并保持其沸腾状态，即可进行实验。试件的几何参数如表 1.6.1 所示。

表 1.6.1　试件的几何参数

参数	单位	数值
管子内半径	mm	1.05
管子外半径	mm	1.5
管子壁厚 δ	mm	0.45
工作段 a、b 间长度 L	mm	80
工作段外表面积 $F = 2\pi r_2 L$	m^2	
$\xi = \dfrac{1}{4\pi\lambda L}\left(1 - \dfrac{2r_1^2}{r_2^2 - r_1^2}\ln\dfrac{r_2}{r_1}\right)$	℃/W	

1.6.3　实验原理

大容器沸腾换热系数 h 由式(1.6.1)定义：

$$h = \frac{q}{t_2 - t_s} = \frac{Q}{F(t_2 - t_s)} \tag{1.6.1}$$

式中，q 为试件表面的热流密度；t_2 为试件表面温度；t_s 为工作介质的饱和温度。

本实验装置所用的试件是不锈钢管，放在饱和温度状态下的蒸馏水中。利用电流流过不锈钢管对其加热，可以认为这样就构成了表面有恒定热流密度的圆管。测定流过不锈钢圆管的电流及其两端的电压降即可准确地确定表面的热流密度。表面温度的变化直接反映表面换热系数的大小。

1.6.4　实验方法及步骤

(1) 准备与启动：检查实验装置各个开关是否在关闭状态，将冷却循环水箱 9 充水至 4/5 高度，玻璃容器内充满蒸馏水至 4/5 高度，使其处于工作状态。接通实验设备电源，打开总电源开关，检查各个仪表是否处于工作状态。打开辅助加热开关，将蒸馏水烧开，并维持其沸腾温度。打开直流电源开关使其工作，正时针旋转调节旋钮逐渐加大工作电流。

(2) 观察大容器内水沸腾的现象：缓慢地加大试件的工作电流，注意观察下列的沸腾现象，在钢管的某些固定点上逐渐形成气泡，气泡不断扩大，达到一定大小后，气泡跃离管壁，渐渐上升，最后离开水面。产生气泡的固定点称为汽化核心。气泡跃离后，又有新的气泡在该汽化核心产生。如此周而复始，有一定的周期。随管子工作电流增加，热负荷增大，管壁上汽化核心的数目增加，气泡跃离的频率也相应加大。当热负荷增大至一定程度后，产生的气泡就会在管壁逐渐形成连续的气膜，就由液态沸腾向膜态沸腾过渡。此时壁温会迅速升高，以至将管子烧毁。因此，实验中工作电流不允许过高，以防出现膜态沸腾。当听到"吱吱"的响声时，说明试件表面局部已达到冷却沸腾状态，不可再增加负荷。

(3) 实验数据记录。

为了确定换热系数 h，需测定下列参数。

① 容器内水的饱和温度 t_s。

② 管内壁温度。

③ 读取试件工作端的电压 V(工作段 a、b 间的电压是通过按下直流电源上方的红色按钮读取的)，而电流 I 是通过按下直流电源上方的红色按钮读取的。

④ 为了测定不同热负荷下换热系数 h 的变化，工作电流在 15～100 A 范围内改变，共 7 或 8 个工况。每改变一个工况，待稳定后记录上列实验数据于表 1.6.2 中。

表 1.6.2　实验数据记录表

所用实验管号：

实验管直径：D_2=　　　　　　　　　系数：

工作段长度：L=　　　　　　　　　最大允许工作电流：70A

工作段一表面积：F=

序号	参数	符号及计算公式	单位	1	2	3	4	5	6	7
1	沸腾水饱和温度	t_s	℃							
2	管内壁温度与水温之差	Δt	℃							
3	试件 a、b 间电压	V	V							
4	试件电流	I	A							

(4) 实验结束前先将直流电源调节旋钮旋至零值，然后关闭直流电源开关，两分钟后关闭风机开关与总电源开关。

(5) 数据计算公式。

① 电流流过实验管，在工作段 a、b 间的加热功率 Q 为

$$Q = IV \tag{1.6.2}$$

式中，V 为工作段 a、b 间电压降；I 为流过试件的电流。

② 试件表面热流密度 q 为

$$q = Q/F \tag{1.6.3}$$

式中，F 为工作段 a、b 间的表面积。

③ 管子外表面温度 t_2 的计算。

试件为圆管时，按有内热源的长圆管，其管外表面为对流换热条件，管内壁面绝热时，根据管壁温度可以计算外壁温度：

$$t_2 = t_1 - \frac{Q}{4\pi\lambda L}\left(1 - \frac{2r_1^2}{r_2^2 - r_1^2}\ln\frac{r_2}{r_1}\right) = t_1 - \xi Q \tag{1.6.4}$$

式中，λ 为不锈钢管导热系数，$\lambda=16.3\,\text{W}/(\text{m}\cdot\text{K})$；$Q$ 为工作段 a、b 间的发热量，即加热功率；L 为工作段 a、b 间的长度；ξ 为计算系数。

$$\xi=\frac{1}{4\pi\lambda L}\left(1-\frac{2r_1^2}{r_2^2-r_1^2}\ln\frac{r_2}{r_1}\right) \tag{1.6.5}$$

④ 泡态沸腾时换热系数 h 为

$$h=Q/(F\Delta t)=q/(t_2-t_s) \tag{1.6.6}$$

在稳定情况下，电流流过实验管产生的热量，全部通过外表面由水沸腾放热而带走。实验结果计算表见表 1.6.3。

表 1.6.3　实验结果计算表

参数	符号及计算公式	单位	工况						
			1	2	3	4	5	6	7
沸腾水饱和温度	t_s	℃							
试件 a、b 间电压	V	V							
管内壁温度	t_1	℃							
管子工作电流	$I=2V_1$	A							
管子散热量	$Q=VI$	W							
管子外壁温度	$t_2=t_1-\xi Q$	℃							
管子表面热流密度	$q=Q/F$	W/m²							
沸腾放热温差	$\Delta t=t_2-t_s$	℃							
水沸腾换热系数	$h=Q/(F\Delta t)$	W/(m²·K)							

1.6.5　实验报告

(1) 实验目的、实验原理、实验装置、实验步骤及实验数据。

(2) 在方格纸上，以 q 为纵坐标、Δt 为横坐标将各实验点绘出，并连成曲线。

(3) 将实验结果与罗森诺整理推荐的泡态沸腾热流密度 q 和温差 Δt 的关系式进行比较，分析讨论罗森诺准则式里加热固体表面和液体组合情况的系数变化带来的影响。

(4) 在方格纸上绘制换热系数与温差 h-Δt 曲线。

1.6.6　实验注意事项

(1) 预习实验报告，了解整个实验装置各个部件，并熟悉仪表的使用。

(2) 为确保实验管不致烧毁，直流电源的工作电流不得超过 50 A，以防实验管及直流电源损坏。

(3) 做泡态沸腾换热实验时，选用的不锈钢管直径不宜过大，否则易损毁电源，推荐直径在 6 mm 以下，壁厚在 0.5 mm 以内。

1.7　中温辐射时物体黑度的测试

黑体是一种理想模型，宇宙中存在的任何实际物体均为灰体，灰体的发射率与其吸收率(黑度)相等，大小取决于其表面温度、粗糙度等因素。金属的发射率随表面温度的上升而增大，而非金属的发射率一般是随表面温度的上升而减小，金属的发射率比非金属小得多。本实验用比较法，定性地测量中温辐射时物体的黑度。

1.7.1　实验目的

用比较法定性测量中温辐射时物体的黑度 ε。

1.7.2　实验装置

实验装置如图 1.7.1 所示，热源具有一个控温并显示温度的热电阻，传导腔体也有一个控温并显示热电阻，它们的温度控制是由比例积分微分(proportional integral derivative, PID)温控仪表控制的。

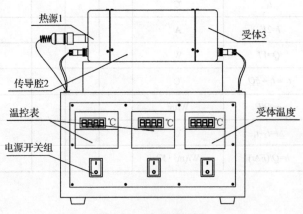

图 1.7.1　实验装置图

1.7.3　实验原理

由 n 个物体组成的辐射换热系统中，利用净辐射法，可以求出物体 i 的净换热量 $Q_{\text{net}.i}$：

$$Q_{\text{net}.i} = Q_{\text{abs}.i} - Q_{ei} = \partial_i \sum_{k=1}^{n} \int_{F_k} E_{\text{eff}.k} \psi_{\text{idk}} \mathrm{d}F_k - \varepsilon_i E_{bi} F_i \tag{1.7.1}$$

式中，$Q_{\text{net}.i}$ 为 i 面的净辐射换热量；$Q_{\text{abs}.i}$ 为 i 面从其他表面的吸热量；Q_{ei} 为 i 面本身的辐射热量；ε_i 为 i 面的黑度；ψ_{idk} 为 k 面对 i 面的角系数；$E_{\text{eff}.k}$ 为 k 面的有效辐射力；E_{bi} 为 i 面的辐射力；∂_i 为 i 面的吸收率；F_i 为 i 面的面积。

根据本实验的设备情况，可以认为：

(1) 传导圆筒 2 为黑体。

(2) 热源 1、传导腔 2、待测物体(受体) 3 表面上的温度均匀(图 1.7.1)，因此式(1.7.1)

可写成

$$Q_{\text{net.3}} = \alpha_3\left(E_{b1}F_1\varphi_{1.3} + E_{b2}F_2\varphi_{2.3} - \varepsilon_3 E_{b3}F_3\right) \tag{1.7.2}$$

因为 $F_1=F_3$；$\alpha_3=\varepsilon_3$；$\psi_{3.2}=\psi_{1.2}$，又根据角系数的互换性 $F_2\psi_{2.3}=F_3\psi_{3.2}$，则

$$q_3 = Q_{\text{net.3}} / F_3 = \varepsilon_3\left(E_{b1}\psi_{1.3} + E_{b2}\psi_{1.2}\right) - \varepsilon_3 E_{b3} = \varepsilon_3\left(E_{b1}\psi_{1.3} + E_{b2}\psi_{1.2} - E_{b3}\right) \tag{1.7.3}$$

由于受体 3 与环境主要以自然对流方式换热，因此

$$q_3 = a\left(t_3 - t_{\text{h}}\right) \tag{1.7.4}$$

式中，a 为热扩散系数；t_3 为待测物体(受力)温度；t_{h} 为环境温度。

由式(1.7.3)、式(1.7.4)可得

$$\varepsilon_3 = \frac{a\left(t_3 - t_{\text{h}}\right)}{E_{b1}\psi_{1.3} + E_{b2}\psi_{1.2} - E_{b3}} \tag{1.7.5}$$

当热源 1 和传导腔 2 的表面温度一致时，$E_{b1}=E_{b2}$，并考虑到体系 1、2、3 为封闭系统，则 $\psi_{1.3}+\psi_{1.2}=1$。

由此，式(1.7.5)可写成

$$\varepsilon_3 = \frac{a\left(t_3 - t_{\text{h}}\right)}{E_{b1} - E_{b3}} = \frac{a\left(t_3 - t_{\text{h}}\right)}{\sigma_b\left(T_1^4 - T_3^4\right)} \tag{1.7.6}$$

式中，σ_b 称为斯特藩-玻尔兹曼常数，其值为 5.7×10^{-8} W/(m^2 · K^4)。

不同待测物体(受体) a、b 的黑度 ε 为

$$\varepsilon_a = \frac{a_a\left(T_{3a} - T_{\text{h}}\right)}{\sigma_b\left(T_{1a}^4 - T_{3a}^4\right)}, \quad \varepsilon_b = \frac{a_b\left(T_{3b} - T_{\text{h}}\right)}{\sigma_b\left(T_{1b}^4 - T_{3b}^4\right)}$$

设 $a_a=a_b$，即 a、b 面的吸收率相同，则

$$\frac{\varepsilon_a}{\varepsilon_b} = \frac{T_{3a} - T_{\text{h}}}{T_{3b} - T_{\text{h}}} \cdot \frac{T_{1b}^4 - T_{3b}^4}{T_{1a}^4 - T_{3a}^4} \tag{1.7.7}$$

当 b 为黑体时，$\varepsilon_b \approx 1$，式(1.7.7)可写成

$$\varepsilon_a = \frac{T_{3a} - T_{\text{h}}}{T_{3b} - T_{\text{h}}} \cdot \frac{T_{1b}^4 - T_{3b}^4}{T_{1a}^4 - T_{3a}^4} \tag{1.7.8}$$

对同一待测物体(受体)，在完全相同条件下，进行两次实验：一次是将待测物体(受体)用松脂(带油脂的松木)或蜡烛熏黑，使它变为黑体，对它进行实验；另一次是不熏黑的情况下进行实验。最后，根据这两次实验所得的两组数据，算出该待测物体的黑度 $\varepsilon_{\text{shou}}$。这里是将熏黑的物体看成黑体，其辐射率 ε_0 为 1。

1.7.4　实验方法及步骤

本实验用比较法定性地测定物体的黑度，具体方法是通过对加热器电压的调整(即 PID 调节电压输出的百分比来达到温度的控制精度)，使热源和传导体的测温点恒定在同

一温度上，然后分别将"待测"(受力为待测物体，具有原来的表面状态)和"黑体"(受力仍为待测物体，但表面熏黑)两种状态的受体在相同的时间接受热辐射，测出受到辐射后的温度，就可按公式计算出待测物体的黑度。为了测试成功，最好在实测前对热源和传导体的恒温控制方法进行1次或2次探索，掌握规律后再进行正式测试。

具体实验步骤如下。

(1) 将热源腔体1和受体腔体3(先用"待测"状态的受体)对正靠近传导体2并在受体腔体与传导体之间插入石棉板隔热。

(2) 接通电源，调整热源、传导腔的温控仪表，并设定所需的温度值。加热30 min左右，对热源和传导体两侧的测温点进行监测，直至所有测点的温度基本稳定在要求的温度。

(3) 仪表的简易设置方法：控温设置，按▲键，下排绿色数码管小数点闪烁，按▶键，选择小数点位置，按▲和▼键，增、减所需的数值，设定后仪表会自动保存。二级参数设置方法：按SET键3 s后，仪表进入二级参数设定，依次按SET键，找到红色数码管显示为"OUTH"，利用▲和▼键，更改绿色数码管数值，1%~220%可选，绿色数码管数值越大，加热电量越大，反之越小，一般选择35%~55%即可，再按SET键直至循环至测温界面即可。这样仪表就进入工作状态。

(4) 系统进入恒温后(各测温点的温度基本接近，且各点的温度波动小于3℃)，去掉隔热板，使受体腔体靠近传导体，然后每隔10 min对受体的温度进行监测、记录，测得一组数据。

(5) 取下受体腔体，待受体冷却后，用松脂(带有松脂的松木)或蜡烛将受体表面熏黑。然后重复上述方法，对"黑体"进行测试，测得第二组数据。将实验数据记录于表1.7.1中。

表1.7.1 实验数据记录表

序号	时间/min	热源/℃	传导圆筒温度/℃	受体(紫铜)/℃
1	10			
2	20			
3	30			
平均值				

序号	时间/min	热源/℃	传导圆筒温度/℃	受体(紫铜熏黑)/℃
1	10			
2	20			
3	30			
平均值				

(6) 将两组数据进行整理后代入公式，即可得出待测物体的黑度 ε_{shou}。

根据式(1.7.7)，本实验所用计算公式为

$$\frac{\varepsilon_{\text{shou}}}{\varepsilon_0} = \frac{\left(T_{\text{shou}} - T_{\text{h}}\right)\left(T_{\text{yuan}}^4 - T_0^4\right)}{\left(T_0 - T_{\text{f}}\right)\left[\left(T_{\text{yuan}}'\right)^4 - T_{\text{shou}}^4\right]} \tag{1.7.9}$$

式中，ε_0 为相对黑体的黑度，该值可假设为 1；$\varepsilon_{\text{shou}}$ 为待测物体(受体)的黑度；T_{yuan} 为受体为相对黑体时热源的热力学温度；T_{yuan}' 为受体为被测物体时热源的热力学温度；T_0 为相对黑体的热力学温度；T_{shou} 为待测物体(受力)的热力学温度；T_{h} 为环境热力学温度。

1.7.5 实验报告

(1) 实验目的、实验原理、实验装置、实验步骤及实验数据。
(2) 根据实验数据计算出紫铜的黑度。
(3) 实验过程中紫铜表面熏黑的均匀度会对实验结果产生什么影响？
(4) 实验过程中传导体的温度与热源的温度是否需要保持一致，为什么？

1.7.6 实验注意事项

(1) 热源及传导体的温度不宜过高，切勿超过仪器允许的最高温度 100℃。
(2) 每次做"待测"状态实验时，建议用汽油或酒精将待测物体的表面擦净，否则，实验结果将有较大误差。

1.8 气体比定压热容的测定

热动力装置中工质的吸热和放热过程都可以简化成容积不变或压力不变的过程，因此比定容热容和比定压热容更具有现实意义。在压强不变的情况下，单位质量的某种物质温度升高 1 K 所需吸收的热量，称为该种物质的比定压热容。对于同种气体，比定压热容一般比比定容热容大。气体比定压热容的测定是工程热力学的基本实验之一。实验中涉及温度、压力、热量(电功)、流量等基本量的测量。

1.8.1 实验目的

(1) 了解气体比定压热容测定装置的基本原理。
(2) 掌握本实验中的温度、压力、热量、流量的测量方法。
(3) 掌握由实验所得原始数据计算得出比定压热容值的方法。
(4) 分析本实验产生误差的原因及可能改进的措施。

1.8.2 实验装置

测定空气比定压热容的实验装置如图 1.8.1 所示，由风机、湿式气体流量计、比热仪本体、温控仪等部分组成。风机将一定量的空气连续不断地经湿式气体流量计送入比热仪本体，空气经加热、均流、旋流、混流后流出。

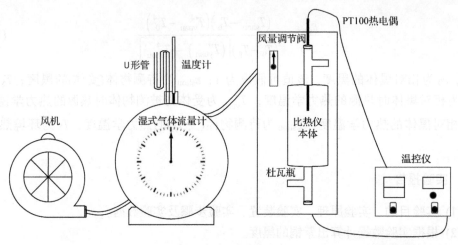

图 1.8.1　实验系统

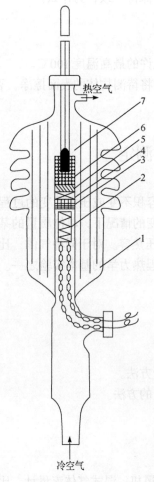

图 1.8.2　比热仪本体
1-多层杜瓦瓶；2-电加热器；3-均流网；
4-绝缘垫；5-施流片；6-混流网；7-出口温度计

图 1.8.2 是比热仪本体。它是由内外壁镀银的多层杜瓦瓶 1、电加热器 2、均流网 3、绝缘垫 4、施流片 5、混流网 6、出口温度计 7 等组成。当比热仪出口温度 t_2 稳定时，可认为电加热器放出的热量全部被流经的气体吸收。电加热器放热量由直流稳压电源进行调节，功率由功率表进行测量。比热仪的进、出口分别设有温度计与高精度测温传感器，以测量进口温度 t_1 和出口温度 t_2。空气的流量由湿式气体流量计进行测量。进入比热仪气流的压力则由流量计出口 U 形差压计进行测量。气体自进口管引入，进口温度传感器测量其初始温度，离开电加热器的气体经混流网均流均温，出口温度传感器测量加热终了温度。该比热仪可测 300℃ 以下气体的比定压热容。

1.8.3　实验原理

按气体比定压热容定义：

$$c_p = \left(\frac{\partial h}{\partial T}\right)_p \qquad (1.8.1)$$

式中，h 是气体的比焓；T 是热力学温度。按热力学第一定律，在没有对外界做功的气体的等压流动过程中，位能和动能的变化可以忽略不计，那么气体的焓值变化就等于它从外界吸收的热量，即

$$dh = \frac{1}{m}dQ \qquad (1.8.2)$$

气体的比定压热容可以表示为

$$c_p = \frac{1}{q_m} \left(\frac{\partial Q}{\partial T} \right)_p \tag{1.8.3}$$

因此，当气体在此等压过程中由温度 t_1 加热至温度 t_2 时，气体在此温度范围内的平均比定压热容可由式(1.8.4)确定：

$$c_p \Big|_{t_1}^{t_2} = \frac{Q}{q_m(t_2 - t_1)} \tag{1.8.4}$$

式中，q_m 为气体的质量流量，kg/s；Q 为气体在等压流动过程中的单位时间的吸热量，J/s。

实验表明，在与室温相差不多的温度范围内，空气的比定压热容与温度的关系可近似认为是线性的，即可近似表示为

$$c_p = a + bt \tag{1.8.5}$$

则温度由 t_1 升高到 t_2 的过程中，单位质量的气体所需要的热量可表示为

$$q = \int_{t_1}^{t_2} (a + bt) \mathrm{d}t \tag{1.8.6}$$

气体由 t_1 加热到 t_2 的平均比定压热容则可表示为

$$c_p \Big|_{t_1}^{t_2} = \frac{\int_{t_1}^{t_2} (a + bt) \mathrm{d}t}{t_2 - t_1} = a + b \frac{t_1 + t_2}{2} \tag{1.8.7}$$

大气是含有水蒸气的湿空气，因此需计算气流温度、水蒸气的质量流量、干空气的质量流量、干空气的吸热量等数据。忽略散热损失，各项计算如下。

1. 气流温度

加热前的气体温度 t_1 由流量计出口处的温度计测量，加热后的气体温度 t_2 由比热仪出口处的热电偶测量，从数显温控仪上读取。

2. 水蒸气和干空气的质量流量

1) 水蒸气的质量流量

在本实验系统中，气流经过湿式气体流量计水箱后进入比热仪。实验证明，进入比热仪的空气接近饱和空气。因此可通过湿球温度 t_w'（即比热仪入口温度 t_1）在饱和蒸汽表上查得气体中水蒸气的分压力 p_w。

设某实验工况测得流量计每通过 V ($\mathrm{m^3}$)气体(可以取 10 L，即流量计指针转 5 圈)所用的时间为 τ(s)，则水蒸气的质量流量为 q_{mw}(kg/s)，计算公式如下：

$$q_{mw} = \frac{p_w (V/\tau)}{R_w T_1} \tag{1.8.8}$$

式中，R_w 为水蒸气的气体常数，R_w=465.1 J/(kg·K)；T_1 为流量计中气体的热力学温度(本实验装置中即为比热仪的进口温度)。

2) 干空气的质量流量

流经流量计气体的绝对压力为

$$p = p_b + 9.8\Delta l \tag{1.8.9}$$

式中，p_b 为大气压力，Pa；Δl 为 U 形差压计的读数，mmH_2O。

气体中干空气的分压力为

$$p_a = p - p_w \tag{1.8.10}$$

于是，干空气的质量流量 q_{ma} 为

$$q_{ma} = \frac{p_a (V/\tau)}{R_a T_1} \tag{1.8.11}$$

式中，R_a 为干空气的气体常数，R_a=287.05 J/(kg·K)；T_1 为流经流量计气体的热力学温度 (本实验装置中即为比热仪的进口温度)。

3) 加热量的测定

电加热器单位时间的加热量(功率)Q 可直接由温控仪读出。

当气体由温度 t_1 加热到 t_2 时，单位质量水蒸气的吸热量可用式(1.8.6)计算。故气体中水蒸气的单位时间的吸热量(吸热功率)为

$$Q_w = q_{mw} \int_{t_1}^{t_2} (1.844 + 0.0004886t) \mathrm{d}t \tag{1.8.12}$$

式中，q_{mw} 为气体中水蒸气质量流量，kg/s。

若忽略比热仪及导线的散热损失、不计加热器的热效率等，干空气的吸热量：

$$Q_a = Q - Q_w \tag{1.8.13}$$

3. 空气的比定压热容

$$c_p\Big|_{t_1}^{t_2} = \frac{Q_a}{q_{ma}(t_2 - t_1)} = \frac{Q - Q_w}{q_{ma}(t_2 - t_1)} \tag{1.8.14}$$

1.8.4　实验方法及步骤

(1) 检查加热电路和空气流通管路是否接通。

(2) 接通电源，确认电压调节旋钮在零位置。

(3) 打开风机开关，调整节流阀开度，使空气流量达规定值附近。逐渐提高加热器的功率，使出口温度升高至预计的温度。

(4) 待比热仪出口温度 t_2 稳定不变后(出口温度在 6 min 之内无变化或有微小起伏即可视为稳定)，记录此工况下的实验数据。测量 10 L 气体通过流量计(流量计指针转 5 圈)所需时间 τ、比热仪进口温度 t_1、出口温度 t_2、流量计中气体表压(U 形管压力表读数)Δl、电加热器的功率 Q。并将数据填入实验报告气体比定压热容测定实验数据记录表(表 1.8.1)中。

表 1.8.1　实验数据记录表

序号	参数	公式及符号	单位	工况		
				1	2	3
1	加热器功率	Q	W			

续表

序号	参数	公式及符号	单位	工况		
				1	2	3
2	大气压力	p_b	Pa			
3	流量计出口压力	Δl	mmH$_2$O			
4	比热仪气流流过 10 L 的时间	τ	s			
5	比热仪气流入口温度	t_1	℃			
6	比热仪气流出口温度	t_2	℃			

(5) 改变加热器电压(即工况变化)待 t_2 再次稳定时,记录另一工况下的实验数据。

(6) 实验中需要测定和计算气流温度、水蒸气的质量流量、干空气的质量流量、干空气的吸热量等数据。

(7) 测试结束后,将电压调节旋钮调至最小位置,关闭加热开关。注意,请勿关闭风机开关,保持对杜瓦瓶内部进行通风冷却。待比热仪出口温度与环境温度的差值小于 10℃ 时可以关闭风机,结束实验。

1.8.5　实验报告

(1) 实验目的、实验原理、实验装置、实验步骤及实验数据。

(2) 根据实验数据,计算各工况下的比定压热容。

(3) 根据计算结果,绘制比定压热容随温度变化的曲线并拟合计算关系式。

(4) 将实验结果与空气物性表进行比较,分析产生误差的其他原因。

1.8.6　实验注意事项

(1) 加热器不应在无气流通过的情况下投入工作,以免引起局部过热而损害比热仪本体。

(2) 实验工况应从低温调至高温,实验段气体出口温度最高不得超过 200℃。

(3) 加热和冷却要缓慢进行,防止温度计比热仪本体因温度骤变和受热不均匀而破裂。

(4) 停止实验时,关闭加热开关,待比热仪出口温度与环境温度的差值小于 10℃ 时,再关闭风机。

(5) 实验测定时,必须等待至气体和测定仪的温度状况稳定后才能读数。

1.9　饱和蒸汽温度和压力及超临界相态实验

饱和温度与饱和压力都是气液平衡中的术语。对同一种物质,饱和压力的高低与温度有关。温度越高,分子具有的能量越大,越容易脱离液体而汽化,相应的饱和压力也越高。一定的温度,对应一定的饱和压力,二者不是独立的。因此,在饱和状态下,饱和压力所对应的温度也称为"饱和温度"。通常可从手册中查到各种物质的饱和温度与饱和压力的关系。

1.9.1　实验目的

(1) 通过不同工质的饱和蒸汽压和温度关系的实验，加深对饱和状态的理解。

(2) 通过不同工质的亚临界和超临界流态观测及压力和温度关系的实验，加深对临界乳光现象和超临界状态流体的理解。

(3) 通过对实验数据的整理，掌握不同工质饱和蒸汽 p-T 关系图表的编制方法。

1.9.2　实验装置

本实验系统(图 1.9.1)由蒸汽发生系统和数据采集系统两部分组成，蒸汽发生系统包括可视高压蒸汽发生器、加热器、冷却水套、排气阀、环保工质，数据采集系统包括温度传感器、压力传感器、调压器、上位机。本实验台可做多种不同工质(R600a、R410a、R245fa 等)的饱和蒸汽压和温度关系实验，加热温度最高可达 150℃，系统承压最高可达 10 MPa。

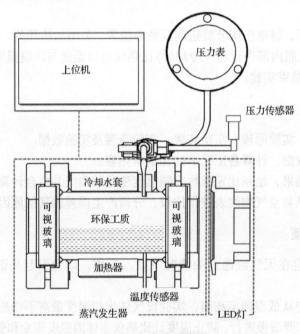

图 1.9.1　实验系统图

1.9.3　实验原理

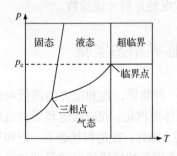

图 1.9.2　常见物质 p-T 图

物质由液态转变为蒸汽的过程称为汽化过程。汽化过程总是伴随着物质分子回到液体中的凝结过程。到一定程度时，虽然汽化和凝结同时进行，但汽化的分子数与凝结的分子数处于动态平衡，这种状态称为饱和态，在这一状态下的温度称为饱和温度。此时，蒸汽分子动能和分子总数保持不变，因此压力也确定不变，称为饱和压力。饱和温度和饱和压力的关系一一对应(图 1.9.2)。

临界乳光是当物质处在临界点时，密度涨落很大，光线照射在其上会发生强烈的分子散射的现象。当处于亚临界状态的物质被加热达到临界点时，气液界面消失，气液混浊发黑，温度压力超过临界点后，混浊现象消失，变为清亮的单一超临界状态。停止加热后，温度下降到临界点同样会出现临界乳光现象，由超临界状态变回亚临界状态，气液界面重新出现。

1.9.4 实验方法及步骤

(1) 熟悉实验装置及使用仪表的工作原理和性能。

(2) 接通电源，观测可视窗口内工质的状态和液位高度，进入"实验控制"界面 (图 1.9.3)。

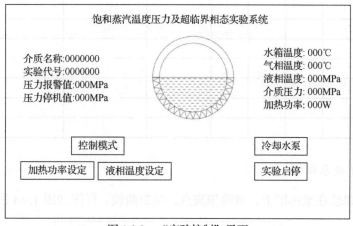

图 1.9.3 "实验控制"界面

(3) 在触摸屏上选择控制方式，输入加热功率(推荐 40%～80%)或设定温度，使工质温度升高到某温度(30℃至临界压力附近)，(本步骤在教师指导下完成)达到这个温度后，将加热功率降低到 30%～45%，恒定 5～15 min，待气、液相温差小于设定值，记录当前数据作为当前温度下的稳定工况数据。

(4) 重复步骤(3)，在亚临界温度和压力范围内实验不少于 6 次，且实验点应尽量分布均匀。

(5) 在触摸屏上不断调整加热功率(40%～60%，目的是降低加热功率，减缓加热速度)，待工质压力逐渐升高到临界压力附近时，观测临界状态，超过临界压力后，观测超临界现象，并记录超临界压力和温度数据。

(6) 工质达到超临界以后，关闭实验启停按钮，或在触摸屏上开启冷却水降温开关，把工质温度降低到亚临界，观测降温过程的临界现象并记录临界压力和温度。

(7) 实验完毕后，将触摸屏上冷却开关打开 10 min，将工质冷却到 40～60℃。

(8) 关机，断开电源。

1.9.5 实验报告

1. 记录实验数据

实验数据记录表见表 1.9.1。

表 1.9.1　实验数据记录表

工质名称				大气压力/MPa			温度/℃	
	饱和压力(绝压)/MPa			饱和温度/℃		误差		
实验次数	压力传感器读数 p'	绝对压力 $p=p'$	温度读数 t 对应压力 p_1	温度读数 t	绝对压力 p 对应温度 t_1	$\Delta t = t - t_1$	$\dfrac{\Delta t}{t + 273.15} \times 100\%$	$\Delta p = p_1 - p$	$\dfrac{\Delta p}{p_1} \times 100\%$
1								
2								
3								
4								
5								
6								
7								
8								
9								
10								

2. 绘制 p-t 关系曲线

将实验结果绘在坐标纸上，清除偏离点，绘制曲线。样图如图 1.9.4 所示。

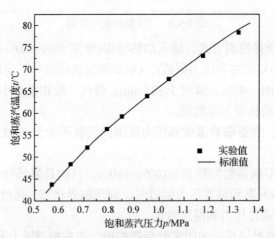

图 1.9.4　R600a 饱和蒸汽温度与压力曲线

3. 拟合经验关联式

在对数坐标下，饱和蒸汽压和温度近似满足线性关系，饱和蒸汽压和温度的关系可近似用以下经验公式进行关联拟合：

$$t = m \cdot p^n \tag{1.9.1}$$

两边同时取对数得

$$\ln t = \ln m + n \ln p \tag{1.9.2}$$

式(1.9.1)和式(1.9.2)中，t 为温度，℃；p 为绝对压力，MPa；m 和 n 为由实验数据得到的拟合参数。绘制 $\ln t$-$\ln p$ 关系曲线，如图 1.9.5 所示。

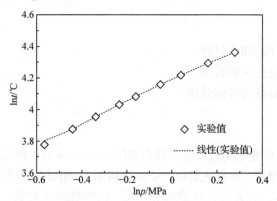

图 1.9.5　R600a 饱和蒸汽温度与压力曲线(对数值)

4. 误差分析

以温度测量值 t 为基准，查表(实验工质热力性质图表)得到测量值 t 对应的饱和压力值 p_1，计算 p_1 与实测压力值 p 的绝对偏差和相对偏差；以压力测量值 p 为基准，查表(水和水蒸气热力性质图表)得到测量值 p 对应的饱和温度值 t_1，计算 t_1 与实测温度值 t 的绝对偏差和相对偏差。

5. 完成思考题

(1) 不同工质(R600a、R410a、R245fa、水)的饱和蒸汽压测量的不确定度来源有哪些？

(2) 查找实验对应的工质的饱和蒸汽压状态方程，根据实验数据，拟合方程，进行对比、误差分析。以水为例，水和水蒸气的饱和蒸汽压的状态方程(IAPWS95 方程)为

$$\ln p_r = (-7.85951783\tau + 1.84408259\tau^{1.5} - 11.7866497\tau^3 \\ + 22.6807411\tau^{3.5} - 15.9618719\tau^4 + 1.80122502\tau^{7.5})T_r \tag{1.9.3}$$

式中，$p_r = p / p_c$，p 为饱和蒸汽压，MPa，p_c 为水的临界压力，22.064 MPa；$T_r = T/T_c$，T_c 为水的临界温度，647.096 K；$\tau = 1 - T_r$。

请用上述方程计算所做实验压力下的饱和水温度，简述计算程序或计算原理，计算结果保留 6 位有效数字。

(3) 临界乳光产生的原因是什么？可能应用到哪些地方？

1.9.6　实验注意事项

(1) 实验装置通电后不得离开。

(2) 实验台罐体内部均存在高压，若超压报警，应及时通水冷却，以免发生爆炸。

1.10　朗肯循环蒸汽轮机发电实验

从锅炉出来的过热蒸汽进入汽轮机内膨胀做功，这个过程是绝热膨胀过程；在汽轮

机做完功的乏汽在凝汽器内被循环水冷却后等压凝结成水，这个过程是定压放热过程。凝汽器内的凝结水重新被凝结水泵和给水泵送进锅炉。工质如此在热力设备中不断地进行吸热、膨胀、放热和压缩的过程，即是朗肯循环的工作过程。

1.10.1　实验目的

(1) 认识朗肯循环的四个过程。
(2) 熟悉本次实验使用的设备。
(3) 计算本次实验各部件的效率。

1.10.2　实验装置

朗肯循环蒸汽轮机发电实验系统实验台如图 1.10.1 所示，由双通道火管锅炉、汽轮机、发电机、冷凝器组成。水在火管锅炉中加热到 110 psi(psi 为压力单位，1 atm = 101.325 kPa = 14.696 psi)之后，打开汽轮机蒸汽进气阀，汽轮机转动带动发电机发电。经过汽轮机做功后的蒸汽进入冷凝器进行冷却。

1.10.3　实验原理

朗肯循环是指以水蒸气作为工质的一种理想循环过程，主要包括等熵压缩、等压加热、等熵膨胀以及等压冷凝过程，用于蒸汽装置动力循环。图 1.10.2 是简单的蒸汽动力循环过程，该过程装置由水泵、锅炉、汽轮机和冷凝器四个主要装置组成。水在水泵中被压缩升压；然后进入锅炉被加热汽化，直至成为过热蒸汽后，进入汽轮机膨胀做功，做功后的低压蒸汽进入冷凝器被冷却凝结成水，再回到水泵中，完成一个循环。

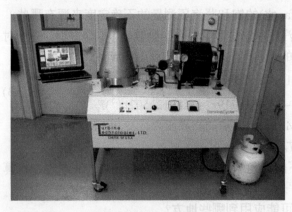
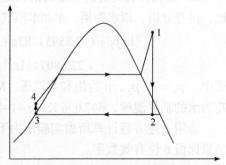

图 1.10.1　朗肯循环蒸汽轮机发电实验系统实验台　　　图 1.10.2　简单的蒸汽动力循环过程

3-4 过程：在水泵中水被压缩升压，过程中流经水泵的流量较大，水泵向周围的散热量折合到单位质量工质，可以忽略。因而 3-4 过程简化为可逆绝热压缩过程，即等熵压缩过程。

4-1 过程：水在锅炉中被加热的过程本来是在外部火焰与工质之间有较大温差的条件下进行的，而且工质不可避免地会有压力损失，这是一个不可逆加热过程。可把它理想化为不计工质压力变化，并将过程想象为无数个与工质温度相同的热源和工质进行可逆传热,也就是把传热不可逆因素放在系统之外,只着眼于工质一侧。这样,将加热过程理想化为定压可逆吸热过程。

1-2 过程:蒸汽在汽轮机中膨胀的过程也因其流量大、散热量相对较小,当不考虑摩擦等不可逆因素时,简化为可逆绝热膨胀过程,即等熵膨胀过程。

2-3 过程:蒸汽在冷凝器中被冷却成饱和水,同样将不可逆温差传热因素放于系统之外来考虑,简化为可逆定压冷却过程。因该过程在饱和区内进行,此过程也是定温过程。

1.10.4　实验方法及步骤

(1) 启动前准备。场地检查,要适于操作,锁住脚轮;钥匙主开关,OFF;燃烧器开关,OFF;负载开关,OFF;负载变阻器,完全逆时针旋转到零;操作面板燃气阀,OFF;目视检查(燃气罐、燃烧器、锅炉、锅炉压力计、水位指示计、蒸汽进气阀、蒸汽管线、操作面板);冷却塔,排空;前锅炉门,关闭并锁死;蒸汽进气阀,OPEN(在蒸汽进气阀关闭的情况下,水不会进入锅炉);锅炉完全排空;给锅炉加注蒸馏水(最大 5500 ml,使用提供的烧杯);蒸汽进气阀,关闭;连接数据采集系统;连接电源、燃气源。

(2) 启动和操作。启动计算机数据采集系统,打开计算机;燃气源,ON;检查燃气是否泄漏;操作面板燃气阀,ON;主开关,ON-绿灯;燃烧器开关,ON-红灯;燃烧器,确认在 45 s 内点火;锅炉压力,确认 3 min 达到正压(此时应同时监测压力表压力和软件显示压力);用 7 min 时间完成预热;首先应保证锅炉压力稳定,电压和电流值可能会有差异;调整蒸汽进气阀和负载变阻器,使其达到稳定状态;稳态运行时间为 10~15 min。水位下降时,锅炉压力会下降;合理安排实验时间,监视水位变化(距液位计底部不能少于 2.5 cm,防止锅炉干烧)。在实验结束时,立即进行停机检查。

(3) 数据采集。打开数据采集软件,选择 RankineCycler 图标;记录数据,单击 log Data To File 按钮;保存记录数据,单击 End Data Log 按钮。

(4) 关闭。记录实验时间;关闭蒸汽进气阀,此时应密切监视,保证锅炉压力不超压;标定此时液位计水位,应保证水位距液位计底部不少于 2.5 cm;关闭燃烧器开关,确认红灯熄灭,说明燃烧器或鼓风机上没有电源可用;关闭操作面板燃气阀;负载变阻器逆时针旋转到零;关闭负载开关;钥匙主开关关闭,绿灯熄灭;打开蒸汽进气阀,泄压,不超过 9 V;关闭液化气瓶阀门。

(5) 测量。测量冷凝塔收集到的冷凝水,冷凝水不可再次使用;测量锅炉消耗的水量。

1.10.5　实验报告

(1) 实验报告应详细记录实验目的、装置、原理、步骤、数据处理与分析、实验结论与讨论等内容。

(2) 将图打印出来,按照列出的顺序整理。在每个图上标注稳态起始和终止位置。

(3) 选取并标注一个位于稳态区间内某个时间点的数据作为分析样本,并作为稳态、稳定流下系统性能分析计算的基础。

(4) 从图形中(特定时间点上)和系统运行数据中,记录如下数据。

大气压力:____psi。

初始锅炉填充水量:____ml。

燃气流量：____L/min。

锅炉压力：____psi。

锅炉温度：____℃。

涡轮进口压力：____psi。

涡轮进口温度:____℃。

涡轮出口压力：____psi。

涡轮出口温度：____℃。

稳定状态冷凝水量：____ml。

稳定状态锅炉消耗水量：____ml。

(5) 在稳态和稳定流状态下，使用热力学第一定律进行系统性能计算。

① 锅炉：计算锅炉的热流输出。怎样与所测得的丙烷气体流量联系起来？假设没有冷凝液回流到锅炉中，动能和势能的变化忽略不计。

② 涡轮/发电机：求出涡轮的工作效率和发电机效率。

③ 冷凝器：冷凝器中系统输出总的热流速率为多少？假设势能和动能变化忽略不计。

④ 总的系统效率：电功率输出与化石燃料能量输入之比。

1.10.6　实验注意事项

(1) 发电机转速不能超过额定转速。

(2) 锅炉中水位距液位计底部不少于 2.5 cm。

(3) 设备启动前，锅炉、冷凝器必须排空。

(4) 实验结束后，打开蒸汽进气阀泄压，不超过 9V。

第 2 章　化学储能实验

2.1　循环伏安曲线测试

循环伏安法(cyclic voltammetry，CV)是一种研究电极/电解液界面上电化学反应行为-速度-控制步骤的技术手段，广泛应用于能源、化工、冶金、金属腐蚀与防护、环境科学、生命科学等众多领域。该方法测试简单、响应迅速，得到的循环伏安曲线信息丰富，可称为"电化学的谱图"。但由于影响因素较多，一般只用于定性分析，如研究电极反应的性质、电极反应机理、反应速度和电极过程动力学参数等。CV 对于电化学领域的研究极其重要，理解测试原理、熟悉测试步骤、掌握其分析应用是每一个电化学人必备的技能。

2.1.1　实验目的

(1) 用循环伏安法判断电极过程的可逆性。

(2) 学会测量峰电流和峰电位。

(3) 学会使用电化学工作站测定循环伏安曲线。

(4) 了解循环伏安法的基本原理以及三电极体系的基本构造。

2.1.2　实验装置

CV 通常通过三电极体系进行测量，这一体系由工作电极(working electrode，WE)、参比电极(reference electrode，RE)及辅助电极(counter electrode，CE)三大要素构成，形成了一个高度专业化和控制精准的测试平台(图 2.1.1)。此体系构建了两个并行不悖的功能回路：一是 WE 与 CE 的电流驱动极化回路，负责施加并测量极化电流；二是 WE 与 RE构成的电势监控与调节回路，该回路几乎无电流流通，且独立于极化效应，确保 RE 电势恒定，从而实现对 WE 电化学过程的精确电势控制与电流响应的精确捕获，最终得出了反映 WE 本质特性的电流-电势(i-E)特性曲线。

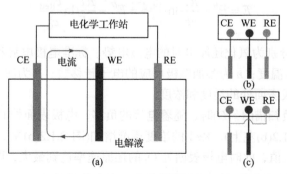

图 2.1.1　三电极体系测量原理图

CE-辅助电极；WE-工作电极；RE-参比电极

CV 曲线测量实验虽然比较简单，然而要获得可靠的、稳定的、可重现的 CV 曲线还存在很大的挑战性。电极作为反应的场所，其材料的选择、表面状态等都对电极反应的活化能和速率有影响。要获得可靠的、稳定的、可重现的曲线，必须满足以下两个必要条件：

(1) 工作电极表面状态一致。特别是采用固体电极时，要确保每次测量时电极的面积和表面状态基本一致，且不存在吸附杂质，这就必须建立合适的电极预处理步骤。例如，在每一次测试之前对工作电极表面进行打磨、清洗等处理。

(2) 参比电极电势要稳定。参比电极应是理想的不极化电极，具有已知的、稳定的电极电势。为此需要满足：①可逆电极，其电极电势符合能斯特(Nernst)方程；②具有较大的交换电流密度，即具有较大的反应速率常数，流过微小的电流时电极电势能迅速恢复原状；③应具有良好的电势稳定性和重现性等。此外，参比电极的选择必须根据被测体系的性质来决定。例如，氯化物体系应选用甘汞电极或氯化银电极；硫酸溶液体系应选用硫酸亚汞电极；碱性溶液体系应选用氧化汞电极等。还必须考虑尽可能减小液体接界电势。

2.1.3 实验原理

1. CV 的测量原理

CV 的测量原理是使电势在工作电极上进行三角波扫描，即电势以给定的速率 v 从起始电势 E_0 扫描到终止电势 E_λ 后，再以相同速率反向扫描至 E_0，并记录相应的电流-电势(i-E)曲线，也称伏安曲线，v 为扫描速度，t 为扫描时间。电势与时间的关系可表示为

$$E = E_0 + vt \tag{2.1.1}$$

2. 典型的 CV 曲线特点和成因分析

典型的 CV 图如图 2.1.2(a)所示，其曲线呈"鸭嘴"形。当电势由正向负($A{\to}D$)扫描时，体系发生还原反应，CV 图中出现一个阴极峰，对应于氧化态物种在电极表面的还原；电势由负向正($D{\to}G$)扫描时，体系发生氧化反应，CV 图中出现相应的阳极峰，对应于还原态物种的氧化。那么，为什么会得到"鸭嘴"形的 CV 曲线呢？这里以可逆的单电子反应 ($O_x + e^- \longrightarrow Red$) 为例进行说明，并假设氧化态 O_x 和还原态 Red 都是溶解态的，且初始时体系中只有 O_x 没有 Red。任一时刻可逆电极电势满足 Nernst 方程，即

$$E = E^\theta - \frac{RT}{nF}\ln\frac{a_{Red}^s}{a_{O_x}^s} = E^{\theta'} - \frac{RT}{nF}\ln\frac{c_{Red}^s}{c_{O_x}^s} \tag{2.1.2}$$

式中，E、E^θ、$E^{\theta'}$ 分别为氧化还原电对的电极电势、标准电极电势和形式电势；R 为气体常数；T 为热力学温度；n 为参加电极反应的电子转移数；F 为法拉第(Faraday)常数，a^s 和 c^s 为物质在电极表面处的活度和浓度。

当电势由正向负扫描($A{\to}D$)时，随着电势的负移，电极表面处 O_x 被还原为 Red，O_x 浓度逐渐降低(图 2.1.2(b)左上)，Red 的浓度逐渐增加(图 2.1.2(b)左下)。当电势扫描至 C 点时，电流出现极大值，此时电极表面处 O_x 的还原速率达到最大，即发生完全浓差极化 $c_{O_x}^s = 0$，O_x 的扩散速率赶不上 O_x 的还原速率；当电势继续由 C 点扫描至 D 点时，$c_{O_x}^s$ 依旧维持为 0，此时扩散层厚度向纵深处发展(扩散层厚度增加)，致使 O_x 的扩散速率变

缓，故而阴极电流下降。当到达 D 点后，电势开始回扫，随着外加电势的正移，电极表面还原生成的 Red 重新被氧化为 O_x，使 $c_{O_x}^s$ 增加，c_{Red}^s 减少。根据 Nernst 方程，此时电极电势 E 对应于 CV 图中两个峰(C 和 F)的半波电势 $E_{1/2}$，这也可直接用于估算可逆电子转移反应的形式电势 $E^{\theta'}$。

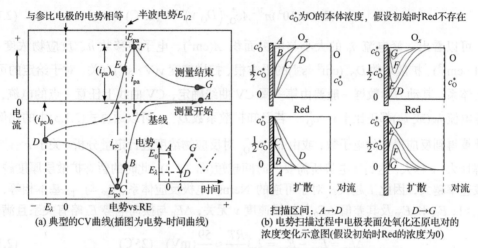

图 2.1.2　CV 图及电极表面处氧化还原电对的浓度变化示意图

需要注意的是，与阳极峰电流 i_{pc} 的测定相比，CV 曲线中阴极峰电流 i_{pc} 的测定要更为方便，这是因为电势由正向负扫描是从法拉第电流为零的电势开始的，因此 i_{pc} 可根据零电流基线得到。而在反向扫描时，E_λ 处的阴极电流尚未衰减到零，所以不能选择此处的电流作为零电流基线。因为在电势换向时，阴极反应已经达到了完全浓差极化状态，此时的阴极电流为暂态的极限扩散电流 i_d，符合科特雷尔(Cottrell)方程($i_d = nFAc_O^s \sqrt{D_O/(\pi t)}$)，并按 $i_d \propto t^{-1/2}$ 的规律衰减，所以在反向扫描最初的一段电势范围内，Red 的重新氧化反应尚未开始，此时电流仍为阴极反应的衰减电流。这种情况下，可以选择阴极电流衰减曲线的延长线(图 2.1.2(a)中的虚线)作为电流基线测定 i_{pa}。另外，氧化-还原过程中双电层的存在，使得峰电流一般不是从零电流线测量的，应扣除背景电流。

综上所述，在 CV 电势扫描过程中，伴随着 O_x 和 Red 表面浓度的"此消彼长"，对应的电流信号呈现"鸭嘴"形状。电活性物质在电极表面处的扩散(分别为靠近和远离)导致氧化峰和还原峰的分离($\Delta E_p \neq 0$)。此外，受扩散传质的影响，物质的表面浓度与其扩散系数有关。

3. CV 曲线的数学分析

电化学中常用电流 i 来描述反应速率 r，两者之间的关系为 $i = nFr$。CV 图中电势由正向负扫描时的电流 i(必须是第一次循环的)可用 Randles-Sevčik 方程表示：

$$i = nFAc_{O_x}^* \pi^{1/2} \left(D_{O_x}\sigma\right)^{1/2} \chi(\sigma t) \tag{2.1.3}$$

式中，$\sigma = \dfrac{nFv}{RT}$，v 为扫描速度；t 为扫描时间；A 为电极面积；D_{O_x} 为扩散系数；$\chi(\sigma t)$

为无因次电流函数，在给定电势下，$\chi(\sigma t)$ 有定值。$\chi(\sigma t)$ 与 $n(E-E_{1/2})$ 之间的关系有表可查。由于 $\chi(\sigma t)$ 存在极大值，因此式(2.1.3)中电流 i 有峰值：

$$i_p = 0.4463nFA\left(\frac{nF}{RT}\right)^{1/2} c_{O_x}^* \left(D_{O_x}v\right)^{1/2} \tag{2.1.4}$$

$$i_p = (2.69\times10^5)n^{3/2}Ac_{O_x}^* \left(D_{O_x}v\right)^{1/2} \quad (25℃) \tag{2.1.5}$$

可以看出，峰电流 i_p 的大小与电极面积 $A(\text{cm}^2)$、电子转移数 n、反应物浓度 $c_{O_x}^*$ ($\text{mol}\cdot\text{cm}^{-3}$)、扩散系数 D_{O_x} ($\text{cm}^2\cdot\text{s}^{-1}$)的平方根、扫描速度 $v(\text{V}\cdot\text{s}^{-1})$有关。对于给定的可逆电极体系，其动力学数据一般要由第一圈 CV 曲线确定，CV 曲线上任意一点的电流，包括峰电流 i_{pc}(或 i_{pa})都正比于 $v^{1/2}c_{O_x}^*$。若已知扩散系数 D_{O_x}，可以通过式(2.1.5)中的比例系数计算得到反应得失的电子数；或由 $i_{pc}\propto c_{O_x}^*$ 对反应物浓度进行定量分析。关于 $i\propto v^{1/2}$ 可以解释为：v 越大，达到峰电势所需要的时间越短(图 2.1.3)，此时的暂态扩散层厚度越薄，扩散速率越大，因此 i 越大。对于可逆的 Nernst 电极反应体系，i_{pa} 与 i_{pc} 基本相等，即 $i_{pa}/i_{pc}\approx1$；E_{pc} 和 E_{pa} 及其差值 ΔE_p 与扫描速度 v 无关，ΔE_p 与换向电势 E_λ 略有关系且满足：

$$\Delta E_p = E_{pa} - E_{pc} = 2.3\frac{RT}{nF} \approx \frac{59}{n}(\text{mV}) \quad (25℃) \tag{2.1.6}$$

然而，对于大多数电极反应而言，由于其反应的不可逆性或反应涉及不可逆步骤，其 CV 曲线形状通常会偏离"鸭嘴"形(图 2.1.4)。需注意的是，与热力学上电极的可逆性概念有所不同，电极反应的可逆性是一个动力学概念，用于判断电极反应进行的难易程度，也可用于表示电极反应的去极化作用的能力，即当电流通过电极时，在金属/溶液表面的电子转移步骤速率足够快(如扩散步骤作为控制步骤)时，电极反应在动力学上基本满足电化学平衡条件。可以看出，对于准可逆体系，其 $|i_{pc}|\neq|i_{pa}|$，$|\Delta E_p|$ 不仅比可逆体系的大，且随扫描速度 v 的增大而增大。通常将 $|\Delta E_p|$ 及其随 v 的变化情况作为判断电极反应是否可逆和不可逆程度的重要判据。如果 $\left|\Delta E_p\right| \approx 2.3\frac{RT}{nF}$ 不随 v 变化，说明反应可逆；

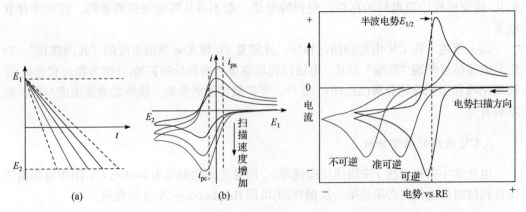

图 2.1.3　扫描电势与时间的关系及不同扫描速度时的　　　图 2.1.4　不同可逆性电极体系的循环
　　　　　　　　　CV 曲线　　　　　　　　　　　　　　　　伏安图

如果 $\left|\Delta E_p\right| > 2.3\dfrac{RT}{nF}$，随 v 增大而增大，则反应不可逆，且 $|\Delta E_p|$ 偏离 $2.3\dfrac{RT}{nF}$ 的程度越大，反应的不可逆程度就越高。当电极反应完全不可逆时，其逆反应非常迟缓，正向扫描产物来不及反应就扩散到溶液内部，此时，在 CV 图中就无法观察到反向扫描的电流峰。

2.1.4　实验方法及步骤

1. 实验方法

本实验中 CV 曲线测试采用 IVIUM 电化学工作站。此电化学工作站测试 CV 曲线有四种方法，都是从一个开始电位 E_{start} 向第一个拐点电位 Vertex 1 进行扫描，再回扫至第二拐点电位 Vertex 2，最后扫描至开始电位 E_{start} 作为循环的结束(图 2.1.5)。

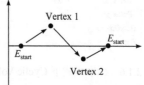

扫描方向是以 Vertex 1 与 E_{start} 两个电位的高低来判断。当 Vertex 1 大于 E_{start} 时，表示先正扫。如果 Vertex 1 小于 E_{start}，表示先进行负扫。如果 Vertex 1 等于 E_{start}，则以 Vertex 2 来比较。如果想从扫描范围的一侧开始，扫描至另一侧，可把 E_{start} 的值与 Vertex 1 或 Vertex 2 任意一个的值设置为相同。

图 2.1.5　CV 曲线测试电压路线示意图

CV 曲线测试的四种方法如下。

(1) 标准方法(standard)：电位呈阶梯式变化，在每个 E_{step} 的末端进行测量。

(2) 电流平均法(current averaging)：在整个取样间隔过程中进行积分，即获得在每个阶跃电位 E_{step} 过程中的平均电流值。在某些状态下，可以获得与真线性扫描相同的结果。当标准循环伏安法不能获得较佳结果时，例如，有关时间相关现象的测试，薄膜性能或电化学成核方面，可使用电流平均法代替。相对标准循环伏安法，电流平均法对电容性电流更加敏感。

(3) 真线性(true linear)扫描法：施加的电位是连续线性的模拟电位变化。在每个取样时间的末端进行测量，取样时间等于参数 E_{step} 阶跃电位除以扫描速率。

(4) 动电流循环伏安法(galvanostatic)：类似于标准循环伏安法，但控制的是电流变化量，即从一个开始电流 I_{start} 向第一个拐点电流 $I_{Vertex\,1}$ 进行扫描，再回扫至第二拐点电流 $I_{Vertex\,2}$，最后扫描至开始电流 I_{start} 作为循环的结束，测量电位随电流的变化曲线。此过程中，电流呈阶梯式变化，在 I_{step} 的末端进行测量，取样时间等于 I_{step} 阶跃电流除以扫描速率。该方法完全避免了双电层电容在施加电位的瞬间所产生的充电电流影响。在标准模式(mode-standard)下，测量的数据点没有限制，但在高速(HiSpeed)下，最多 32000 个数据点。

2. 实验步骤(以标准方法 Standard 为例)

(1) 在 Cyclic Voltammetry 方法下选择 Standard 模式，如图 2.1.6 所示。

(2) 在 Mode 中，一般选择 Standard。常规的扫描速率下，可使用 Standard 模式(取样时间最小 0.002s)。如果需要更短的取样时间，可使用 HiSpeed 模式。

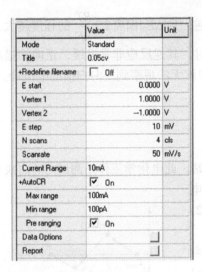

	Value	Unit
Mode	Standard	
Title	0.05cv	
+Redefine filename	☐ Off	
E start	0.0000	V
Vertex 1	1.0000	V
Vertex 2	−1.0000	V
E step	10	mV
N scans	4	cls
Scanrate	50	mV/s
Current Range	10mA	
+AutoCR	☑ On	
Max range	100mA	
Min range	100pA	
Pre ranging	☑ On	
Data Options		
Report		

图 2.1.6　标准模式下 Cyclic Voltammetry
方法操作界面

(3) 在 Title 中输入样品的相关信息。

(4) E_{start}：开始电位，按测量的要求，设置相应的开始电位。

(5) Vertex 1：第一拐点电位，即第一个回扫的电位。按测量的要求，设置相应的拐点电位。

(6) Vertex 2：第二拐点电位，即第二个回扫的电位。按测量的要求，设置相应的拐点电位。

(7) E_{step}：阶跃电位(步进电位)，指取样的间隔。

(8) N_{scans}：循环圈数，按测量的要求，设置相应的循环圈数。

(9) Scanrate：扫描速率，按测量的要求，设置相应的扫描速率。

(10) Current Range：电流量程，指用于测量第一个点的电流量程，如果没有选择 AutoCR，则一直使用这个量程进行测量，要注意测量精度是否足够。如果选择了 AutoCR，仪器会依据实际测量的数值大小，选择合适的电流量程，进行后续的测量。

(11) AutoCR：自动电流量程，一般建议选取，以便仪器使用最合适的电流量程进行测量。

(12) Max range：最大电流量程，当选择了 AutoCR 后，这个值默认是 100 mA。但由于实际仪器并不一定具有这个量程，按 Max range 键，会依据仪器的型号提供相应的电流量程。

(13) Min range：最小电流量程，可依需要进行设置。一般建议小于或等于 100 nA。

(14) Data Options：数据的辅助参数。

(15) 单击 Start 按钮开始测量。

(16) 测量结束后，选择主菜单 File 中的 Save dataset 选项，保存测量数据。

2.1.5　实验报告

(1) 实验目的、实验装置、实验原理、实验方法、实验结果和实验总结。

(2) 以图表形式展示循环伏安曲线，描述曲线上的关键特征，如峰位、峰电流、峰电位等。

(3) 判断是否为可逆反应，以及可逆性是否良好。

(4) 判断在循环过程中是否发生新的氧化和还原反应。

(5) 解释循环伏安曲线上观察到的现象，如可逆性、电子转移数等。根据峰值电流密度计算出扩散系数。

(6) 对比理论预期和实验结果。

2.1.6　实验注意事项

(1) 确保工作电极表面干净，无污染，这可以通过物理或化学方法实现。

(2) 对于某些对 pH 敏感的电极反应，需要精确控制溶液的 pH。

(3) 实验过程中的温度应保持恒定，因为温度的变化会影响电极反应的动力学。

(4) 选择合适的电压扫描速率，以获得清晰的电流峰值和反应的动力学信息。

(5) 设置合适的起始电压和终止电压，以避免电极材料的氧化或还原。

(6) 确定合适的循环次数，以获得稳定的循环伏安曲线。

(7) 确保参比电极和辅助电极的性能稳定，且与工作电极兼容。

(8) 在实验前进行电流校准，以确保测量的准确性。

(9) 记录电压和电流数据时，应使用高精度的仪器，并注意数据的存储和备份。

(10) 遵守实验室安全规程，特别是在使用有毒化学品或高压电源时。

(11) 实验结束后，应妥善处理用过的化学品和电极，避免环境污染。

(12) 使用专业的软件对循环伏安曲线进行分析，以获得电极过程的动力学参数。

(13) 将实验结果与文献中的数据进行对比，以验证实验的准确性和可靠性。

(14) 进行多次实验，以确保结果的重复性和可靠性。

2.2　电化学阻抗谱测试

电化学阻抗谱(EIS)作为一种无损检测技术，在电池性能分析领域占据核心地位，它通过详尽解析电池的阻抗特性，为界定工作界限、精确评估性能及追踪健康状态提供了关键数据，尤其在锂离子电池科研与应用中展现出广泛适用性，贯穿电池选型、运维监控和综合性能评价等全生命周期管理。EIS 不仅能够深度揭示电池材料微观结构与性能的演变，还能洞察界面行为，例如，揭示金属电极中的电荷转移阻力、界面电容属性，金属/聚合物复合材料界面的涂层电容与电阻特性，以及半导体材料中的电子迁移与复合动力学。熟练掌握 EIS 技术，对于深化电化学分析的理解与应用具有重大价值。

2.2.1　实验目的

(1) 了解电化学阻抗谱的测量原理、组成部件及应用范围。

(2) 掌握电化学阻抗仪的使用方法。

(3) 学习采用电化学阻抗谱分析电池的阻抗。

(4) 了解各参数所代表的物理意义。

2.2.2　实验装置

EIS 是一种广泛用于研究电化学界面动力学、腐蚀过程、电池性能和生物传感器等领域的技术。它通过测量在不同频率下电化学系统的阻抗变化来获取信息。在进行 EIS 测量时，通常使用三电极体系(图 2.1.1)，包括：

(1) 工作电极(WE)。工作电极是被研究的电极，电流通过此电极与电解液发生反应。它是电化学过程中活性物质存在的地方，也是人们感兴趣的过程发生的场所。例如，在电池研究中，工作电极可以是正极或负极材料。

(2) 参比电极(RE)。参比电极提供一个稳定的电势参考点，用于监测工作电极的电位变化。它的电势在实验过程中保持不变，因此可以用来准确地测定工作电极的电位。常见的参比电极有银/氯化银(Ag/AgCl)电极和饱和甘汞电极(SCE)。

(3) 辅助电极(CE)。辅助电极(也称为对电极)用于完成电路回路，提供或吸收工作电极所需的电流。它不参与我们关心的电化学反应，但其表面性质应尽可能减少对实验结果的影响。例如，石墨、铂或大面积的金属片可以作为辅助电极。

两电极体系常见于诸如扣式电池、软包电池的循环伏安测试中，其设计中，CE 同时扮演参比角色，使得极化与测量功能合二为一。尽管在两电极系统中，测量到的电流直接反映了通过 WE 的实际流动情况，然而所记录的电势差实质上体现了 WE 与 CE 两者综合的电化学响应，未能精确分离出单个工作电极的纯电化学行为。加之，两电极体系在大电流通过时，难以避免浓差极化与电化学极化现象，导致工作电极电势发生偏移，远离其平衡状态值。因此，三电极体系通过引入独立的参比电极，从根本上改善了极化导致的电势控制难题，增强了测量的稳定性和准确性，是电化学研究中获取 WE 真实电化学特性不可或缺的高端工具。

2.2.3 实验原理

EIS 是一种高度专业化的分析技术，旨在深入探索复杂电化学系统内部机制，其运作原理堪比对"黑箱"动态系统(图 2.2.1)的精细剖析。该技术核心涉及在恒定电势或电流条件下，向被研究体系施加精心调控的微小正弦交流电压或电流脉冲作为激励信号，收集对应的电流(或电位)响应信号，最终得到体系的阻抗谱或导纳谱，根据数学模型或等效电路模型对阻抗谱或导纳谱进行分析、拟合，以获得体系内部的电

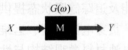

图 2.2.1　"黑箱"动态系统

化学信息。

给黑箱(电化学系统 M)输入一个扰动函数 X，它就会输出一个响应信号 Y。用来描述扰动与响应之间关系的函数，称为传输函数 $G(\omega)$。若系统的内部结构是线性的稳定结构，则输出信号就是扰动信号的线性函数。如果 X 为角频率 ω 的正弦波电流信号，则 Y 即为角频率 ω 的正弦电势信号，此时，传输函数 $G(\omega)$ 也是该角频率的函数，称为频响函数，这个频响函数就称为系统 M 的阻抗(impedance)，用 Z 表示。EIS 技术就是测定不同频率 $\omega(f)$ 的扰动信号 X 和响应信号 Y 的比值，得到不同频率下阻抗的实部 Z'、虚部 Z''、模值 $|Z|$ 和相位角 φ，然后将这些量绘制成各种形式的曲线，就得到 EIS 阻抗谱。常用的电化学阻抗谱有奈奎斯特图(Nyquist plot)和波特图(Bode plot)两种。

一个电路中，直流电受到阻碍，称为电阻。将这个概念延伸到交流电中，就可以得到阻抗。回忆如何用欧姆定律定义电阻(R)为电压(V)和电流(i)的比值：

$$R = \frac{V}{i} \tag{2.2.1}$$

以此类推，阻抗 Z 定义为随时间改变的 $V(t)$ 与相应变化的电流 $i(t)$ 的比值：

$$Z = \frac{V(t)}{i(t)} \tag{2.2.2}$$

阻抗测量通常是通过施加一个小的正弦电压微扰：

$$V(t) = V_0 \cos(\omega t) \qquad (2.2.3)$$

然后监控系统的电流响应：

$$i(t) = i_0 \cos(\omega t - \varphi) \qquad (2.2.4)$$

在以上的表达式中，$V(t)$ 和 $i(t)$ 表示时间 t 时的电势和电流，V_0 和 i_0 是电压信号和电流信号的振幅，ω 是角频率(rad/s)，ω 和频率 f(Hz)的关系是

$$\omega = 2\pi f \qquad (2.2.5)$$

根据式(2.2.2)~式(2.2.4)可以写出一个系统的阻抗响应：

$$Z = \frac{V_0 \cos(\omega t)}{i_0 \cos(\omega t - \varphi)} = Z_0 \frac{V_0 \cos(\omega t)}{\cos(\omega t - \varphi)} \qquad (2.2.6)$$

另外，也可以采用复数的形式来表示系统的阻抗响应：

$$Z = \frac{V_0 e^{j\omega t}}{i_0 e^{j\omega t - j\varphi}} = Z_0 e^{j\varphi} = Z_0 (\cos\varphi + j\sin\varphi) \qquad (2.2.7)$$

因此，一个系统的阻抗可以用阻抗数 Z_0 和相移 φ 来表示，或者用一个实部($Z_0\cos\varphi$, Z')和一个虚部($Z_0 j\sin\varphi$, Z'')来表示。阻抗数据作图时一般都表达成阻抗的实部和虚部，这样的阻抗数据图称为 Nyquist 图(图 2.2.2)，也常称为电化学阻抗谱图或电化学阻抗谱。

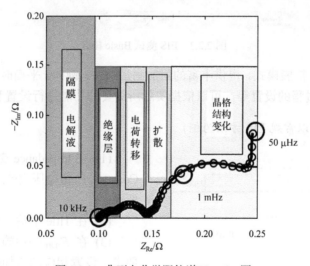

图 2.2.2　典型电化学阻抗谱 Nyquist 图

2.2.4　实验方法及步骤

1. 实验方法

本实验中 EIS 曲线测试采用 IVIUM 电化学工作站中恒电压下的交流阻抗法。此方法是在一个固定的电位下，依次施加一个从最高频率至最低频率连续的正弦波，从而得到交流阻抗随频率变化的谱图，这是最常用的电化学交流阻抗测量方法。具体的实验方法如下。

(1) 在不同的应用上，所施加的电位选择各有不同。

① 对于电池等具有开路电位的样品，一般会使用开路电位作为施加电位。

② 对于超级电容器等没有开路电位的样品，则可以直接用 0 作为施加电位。

③ 对于一些生物分子修饰的电极，由于生物分子并没有发生氧化还原反应，要借用溶液中所加入的 $K_4Fe(CN)_6$/$K_3Fe(CN)_6$ 电对进行氧化还原，此时，一般会采用 $K_4Fe(CN)_6$/$K_3Fe(CN)_6$ 的氧化电位作为施加电位。

(2) 所施加的正弦波，有以下三种形式。

① 单正弦波(single sine)。每次施加一个频率，是常规方法。

② 多正弦波(multisine)。利用频率叠加的性能，在一个频率的施加过程中，同时叠加 1×、3×、5×、7×、9×共五个倍率的正弦波，例如，在施加 1 mHz 频率时，同时施加了 1 mHz、3 mHz、5 mHz、7 mHz 和 9 mHz 五个频率，即在 1 mHz 频率的测量时间中，就已经完成了其余四个频率的测量，其他四个频率不必再花时间进行测量。因此，可以大大节省时间，尤其是低于 1 mHz 以下的测量。

③ 双正弦波(dualsine)。这种方法，又称电化学频率调制(electrochemical frequency modulation)，是一种腐蚀速度检测的新方法。在每个频率的施加过程中，固定叠加 2×和 5×的频率。

(3) 软件的两种状态模式。

① Basic 模式，提供最基本的测量条件，一般建议使用该模式(图 2.2.3)。

图 2.2.3　EIS 测试 Basic 模式

② Advanced 扩展模式，提供丰富的附加测量条件，例如，平衡时间的设置、二次谐波记录、预处理过程的设置等。可以依据实际所需要的功能进行设置和选择。

2. 实验步骤(以常规 EIS 方法为例)

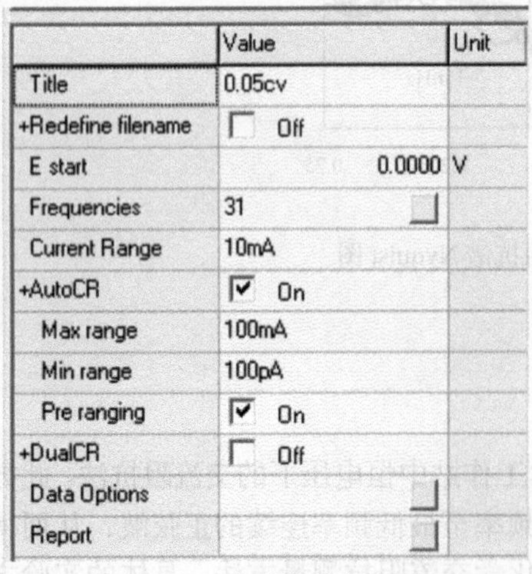

	Value	Unit
Title	0.05cv	
+Redefine filename	☐ Off	
E start	0.0000	V
Frequencies	31	
Current Range	10mA	
+AutoCR	☑ On	
Max range	100mA	
Min range	100pA	
Pre ranging	☑ On	
+DualCR	☐ Off	
Data Options		
Report		

图 2.2.4　Impedance 交流阻抗方法下 Constant E 操作界面

(1) 在 Impedance 交流阻抗方法下选择 Constant E 恒电压交流阻抗法，如图 2.2.4 所示。

(2) 在 Title 中输入样品的相关信息。

(3) 在 E_{start} 一栏施加电位。按测量的要求，设置相应的施加电位。如果需要使用开路电位(open circuit potential，OCP)作为施加电位，可以先借用 Corrosion 腐蚀专用方法，即 Eoc monitor 开路电位监测方法，预先测量样品的开路电位，再手动把开路电位值填入 E_{start} 施加电位。

(4) 单击 Frequencies 频率右侧的小方块，弹出 Edit Frequencies(频率编辑)窗口。

(5) 选择 Single Sine(单正弦波)。

(6) 在 Start(开始频率)处，一般设置最高频率。

(7) 在 End(终止频率)处，按测量的要求，设置最低测量频率。注意，因为频率是时间的倒数，频率越低，测量所需要的时间就越长。理论上，频率越低，揭示离工作电极越远的区间中所发生的电子传递或迁移时的阻抗性能。

(8) Amplitude：扰动振幅。按需要设置，一般会使用 10 mV 或 5 mV。注意，如果样品的内阻很小，按欧姆定律，此时所产生的电流就会很大，要考虑所使用仪器的最大测量电流范围，以免因超载而获得错误的数据。

(9) Frequencies each decade 为每个数量级的测量频率点数，表示在一个数量级的频率范围(例如，$100\sim1000$ Hz，即 $10^2\sim10^3$ 的范围中)，所需测量的频率数量。没有特定的限制，一般会使用 $5\sim10$ 个点。

(10) 单击 Apply 按钮，软件重新计算实际施加的各个频率值及扰动振幅。

(11) 单击 Close 按钮关闭此窗口。

(12) Current Range：电流量程，指用于测量第一个点的电流量程。如果没有选择 AutoCR，则一直使用这个量程进行测量。此时，就要注意测量精度是否足够。如果选择了 AutoCR，仪器会依据实际测量的数值大小，选择合适的电流量程，进行后续的测量，一般建议选取 AutoCR，以便仪器使用最合适的电流量程进行测量。

(13) Max range：最大电流量程。当选择了 AutoCR 后，这个值默认是 100mA。但由于实际仪器并不一定具有这个量程，单击 Max range 会依据仪器的型号提供相应的电流量程。

(14) Min range：最小电流量程，可依需要进行设置。

(15) DualCR：双电流量程。当使用了 AutoCR 自动电流量程后，本项目不需要选择。如果不使用 AutoCR 自动电流量程功能，则可使用本项目，需要设置一个频率，表示在高于该频率时，以 Current Range 电流量程进行测量，而在低于该频率时，则以比 Current Range 电流量程稍低的量程进行测量。例如，Current Range 为 1mA 时，低于该频率，则自动使用 100μA 进行测量。

(16) 单击 Start 按钮开始测量。

(17) 测量结束后，选择主菜单 File 中的 Save dataset 选项，保存测量数据。

2.2.5　实验报告

(1) 汇总实验采集的数据后，运用专业绘图软件，将电化学阻抗的实部与虚部映射至坐标轴，横轴承载实部数据，而纵轴则展现虚部特性，以此构建出直观的 Nyquist 图谱。

(2) 对采集的原始数据实施必要的转换与深度解析，借助 ZVIEW 软件，精确绘制电化学阻抗谱的 Nyquist 图谱，进而在该图谱基础上构建模型拟合。

(3) 详尽解析 Nyquist 图谱，精准识别并区分图中各显著特征区域，它们分别对应着体系的不同阻抗贡献：纯欧姆电阻、固体电解质界面(solid electrolyte interface，SEI)膜阻抗、电荷传递阻抗，以及离子扩散过程的阻抗表现。

2.2.6　实验注意事项

(1) 确保工作电极表面光滑且干净，通常需要对电极进行清洁处理。

(2) 使用适当的对电极和参比电极，并确保它们与工作电极有良好的接触。

(3) 对电极和参比电极的选择应根据实验目的和体系特性，包括开路电压的记录、测试频率范围的选择、交流扰动信号的振幅和测试过程中的静置时间等。这些参数的设置应根据实验目的和系统特性进行优化。

(4) EIS 测试应在恒温条件下进行，因为温度的变化会影响电解液的电导率和电极过程的动力学特性。

(5) 遵循实验室安全规程，特别是在使用腐蚀性化学品和高压电源时。

(6) 确保电化学工作站和其他相关设备处于良好的工作状态，定期进行校准和维护。

(7) 实验结束后，应彻底清洁电极和设备，避免交叉污染，为下一次实验做好准备。

(8) 详细记录实验条件、操作步骤和测试结果，并在报告中提供清晰的图表和充分的解释。

2.3　锂离子电池正极材料 LiFePO₄ 制备与表征

锂离子电池作为电动汽车最优的动力源而备受关注，其中磷酸铁锂(LiFePO₄)以稳定的充放电性能、来源广、比容量高、绿色环保等优点成为锂离子电池最具前途的正极材料之一。橄榄石型 LiFePO₄ 由于具有良好的优点，受到社会各界的广泛关注。本实验用碳热还原法制备 LiFePO₄ 正极材料，研究不同三价铁源合成 LiFePO₄ 形貌和成分的区别，通过 X 射线衍射(X-ray diffraction，XRD)、扫描电子显微镜(scanning electron microscopy，SEM)等手段表征所得材料，获取一种最佳的低成本三价铁源，优化固相碳热还原工艺。

2.3.1　实验目的

(1) 掌握磷酸铁锂固相法制备过程。

(2) 探究磷酸铁锂正极材料工作原理以及表征分析。

(3) 增强对锂离子正极材料磷酸铁锂制备实验研究方面的直观理解。

2.3.2　实验装置

实验所用的设备和仪器有电子天平、球磨机、干燥箱、管式炉、XRD 和 SEM。实验流程如图 2.3.1 所示。实验中制备正极材料磷酸铁锂的原料包含磷酸二氢铵、葡萄糖、碳酸锂、氧化铁和四水合硫酸铁，纯度均为分析纯。

2.3.3　实验原理

1. LiFePO₄ 正极材料的结构与性质

LiFePO₄ 的晶体结构是橄榄石型，属于正交晶系(图 2.3.2)，空间群为 Pnma。晶胞参数 $a=6.008\text{Å}(1\text{Å}=0.1\text{ nm})$，$b=10.334\text{Å}$，$c=4.694\text{Å}$。在 LiFePO₄ 的晶体结构中，O 原子以六方紧密堆积方式排列，P 处在 O 四面体的中心，Li 和 Fe 被最近的八个氧原子包围。没有连续的铁氧共边八面体网络，不能形成电子导电晶胞。磷氧四面体与铁氧八面体中的 P 和 O 及 Fe 形成了稳定的共价键，O 很难失去，所以 FePO₄ 和 LiFePO₄ 有很优异的化学

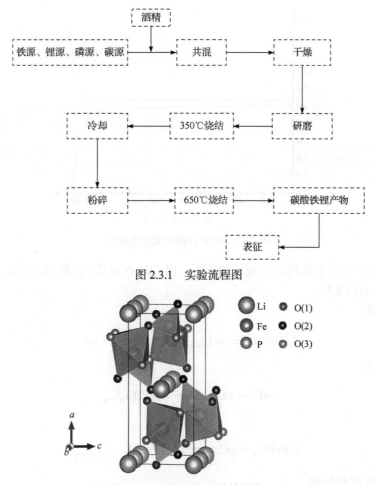

图 2.3.1　实验流程图

图 2.3.2　LiFePO₄ 的晶体结构

稳定性。同时，(PO₄)³⁻ 聚阴离子集团的存在，使得 LiFePO₄ 的结构稳定，并且通过 Fe-O-P 的诱导效应，降低了 Fe^{3+}/Fe^{2+} 氧化还原对的费米(Fermi)能级，因此 LiFePO₄ 能够提供一个比较高的放电电压。LiFePO₄ 中的锂离子不同于传统的正极材料 LiMn₂O₄ 和 LiCoO₂，它具有一维转移率，在充、放电过程中可以可逆地移进和移出，并伴随中间金属铁的氧化还原。而 LiFePO₄ 的理论电容量为 $170\,\mathrm{mA\cdot h\cdot g^{-1}}$，拥有平稳的电压平台 3.45V。锂离子脱出后，生成相似结构的 FePO₄，空间群为 Pmnb。常见的 LiFePO₄ 低倍率充放电曲线如图 2.3.3 所示。

2. 磷酸铁锂电池的工作原理

磷酸铁锂电池的工作原理基于锂离子的脱出-嵌入与氧化还原 2 个过程。在充电过程中，正极材料中脱出 Li⁺，通过电解液、隔膜(允许 Li⁺通过而隔绝电子)嵌入到负极的微孔结构中，此时负极处于富锂的状态，总体电荷过正，电子经外电路到达负极实现电荷平衡，负极富集的 Li⁺越多，表明充电比容量越高。放电过程与充电过程相反，负极脱出 Li⁺经隔膜嵌入正极空位中，电子经外电路到达正极，到达正极的 Li⁺越多，放电比容量越高。在充放电过程中，由于 Li⁺的脱出与嵌入，正负极的体积有略微变化，但其晶体结构并未

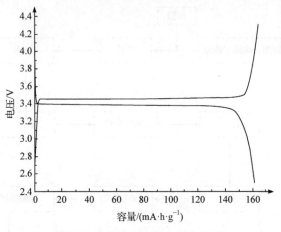

图 2.3.3　磷酸铁锂的充放电曲线

变化，这也是锂离子电池循环性能好的原因。以 LiFePO₄(正)-石墨(负)为例，其电极反应见式(2.3.1)～式(2.3.3)。

正极反应：

$$\mathrm{LiFePO_4 \rightleftharpoons Li_{1-n}FePO_4 + nLi^+ + ne^-} \tag{2.3.1}$$

负极反应：

$$m\mathrm{C} + n\mathrm{Li^+} + n\mathrm{e^-} \rightleftharpoons \mathrm{Li_nC_m} \tag{2.3.2}$$

总反应：

$$\mathrm{LiFePO_4} + m\mathrm{C} \rightleftharpoons \mathrm{Li_{1-n}FePO_4} + \mathrm{Li_nC_m} \tag{2.3.3}$$

3. X 射线衍射分析

X 射线是原子内层电子在高速运动电子的轰击下跃迁而产生的光辐射，主要有连续 X 射线和特征 X 射线两种。晶体可用作 X 射线的光栅，这些很大数目的原子或离子/分子所产生的相干散射会发生光的干涉作用，从而使散射的 X 射线的强度增强或减弱。由于大量原子散射波的叠加，互相干涉而产生最大强度的光束称为 X 射线的衍射线。满足衍射条件，可应用布拉格公式 $2d\sin\theta = n\lambda$，式中，λ 为入射线波长，d 为晶面间距，θ 为衍射角。XRD 特别适用于晶态物质的物相分析。晶态物质组成元素或基团若不相同或其结构有差异，它们的衍射谱图在衍射峰数目、角度位置、相对强度以及衍射峰的形状上就显现出差异。因此，通过磷酸铁锂样品的 X 射线衍射图与已知的晶态物质的 X 射线衍射谱图的对比分析便可以完成磷酸铁锂样品物相组成和结构的定性鉴定。

4. 扫描电子显微镜

扫描电子显微镜是一种大型分析仪器，它广泛应用于观察各种固态物质的表面超微结构的形态和组成。扫描电子显微镜电子枪发射出的电子束经过聚焦后汇聚成点光源；点光源在加速电压下形成高能电子束；高能电子束经由两个电磁透镜被聚焦成直径微小的光点，在透过最后一级带有扫描线圈的电磁透镜后，电子束以光栅状扫描的方式逐点轰击到样品表面，同时激发出不同深度的电子信号。此时，电子信号会被样品上方不同信号接收器的探头接收，通过放大器同步传送到计算机显示屏，形成实时成像记录(图 2.3.4)。

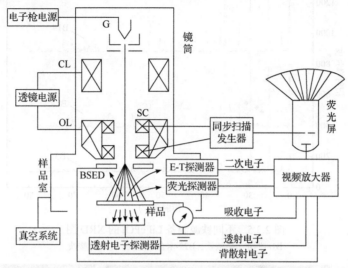

图 2.3.4 扫描电子显微镜原理图

2.3.4 实验方法及步骤

1. 实验方法

1) 正极材料 $LiFePO_4$ 的制备

以价格低廉的 Fe^{3+} 化合物为铁源，以不同的铁源采用固相碳热还原法合成 $LiFePO_4$ 材料，利用 XRD 和 SEM 对材料进行表征，对 $LiFePO_4$ 的结构进行研究。实验将采用碳热还原法，碳酸锂(Li_2CO_3)作为锂盐，磷酸二氢铵($NH_4H_2PO_4$)作为磷盐，葡萄糖($C_6H_{12}O_6 \cdot H_2O$)作为碳源和还原剂，分别用四水合磷酸铁($FePO_4 \cdot 4H_2O$)、水合氧化铁($Fe_2O_3 \cdot 2H_2O$)、硫酸铁($Fe_2(SO_4)_3$)为铁源来制备 $LiFePO_4$ 材料。然后对以磷酸铁、氧化铁和硫酸铁为铁源合成的 $LiFePO_4$ 材料分别运用 XRD 和 SEM 进行表征分析，再对比实验结果得出结论。

2) 正极材料 $LiFePO_4$ 的表征

(1) XRD 成分分析。

通过 XRD 分析可以确定材料的晶体结构、组成和物相。通过得到的衍射图谱判断是否合成 $LiFePO_4$ 材料。测试参数为：$Cu K\alpha$，管电压为 36 kV，管电流为 30 mA，扫描范围为 $10° \sim 70°$，扫描速率为 7°/min，步长为 0.02°。3 种不同铁源制备的 $LiFePO_4$ 复合材料的 XRD 如图 2.3.5 所示。

(2) SEM 形貌分析。

利用 SEM 观察样品形态，对制备材料的颗粒大小和微观形貌进行表征。制备样品时将样品粘到导电胶上，进行喷金处理后进行测试。3 种不同铁源制备的 $LiFePO_4$ 复合材料的 SEM 图如图 2.3.6 所示。

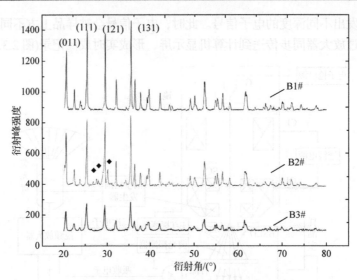

图 2.3.5　不同铁源制备 LiFePO₄ 的 XRD 图
B1#-四水合磷酸铁；B2#-水合氧化铁；B3#-硫酸铁

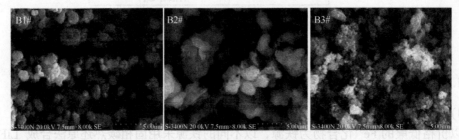

图 2.3.6　不同铁源制备磷酸铁锂的 SEM 图
B1#-四水合磷酸铁；B2#-水合氧化铁；B3#-硫酸铁

2. 实验步骤

(1) 用电子天平分别按化学计量比 Li:P:Fe=1:1:1 称取锂源、磷源和铁源，称取质量比为 13%的葡萄糖作为碳源和还原剂。

(2) 在装有酒精的球磨罐中按照一定的顺序加入上述实验原料，球磨罐以转速 600 r/min，球磨 12 h。

(3) 将球磨好的浆料放置在干燥箱内烘干。

(4) 将烘干好的实验原料放到玛瑙研钵中搅拌磨成细粉。

(5) 用坩埚装好这些研磨的细粉，并盖上盖子。

(6) 将装有细粉的坩埚放置于管式炉中，在 350℃的温度和 N₂ 的气氛下，将细粉煅烧 6h。

(7) 冷却一段时间后将坩埚取出，让坩埚中的细粉均匀混合。

(8) 最后继续将坩埚放置于管式炉中，在 650℃的温度和 N₂ 的气氛下，将细粉煅烧 18h。

(9) 冷却一段时间后将坩埚取出，所得产物为 LiFePO₄/C 的复合材料。

(10) 把制备的磷酸铁锂正极材料样品放置在 X 射线衍射仪上，确保其固定牢固。

(11) 打开 X 射线衍射仪电源，等待仪器预热和稳定，并设置参数：管电压为 36 kV，管电流为 30 mA，扫描范围为 10°～70°，扫描速率为 7°/min，步长为 0.02°。

(12) 启动测量程序，仪器将自动进行衍射数据采集。

(13) 当测量完成后，停止测量程序，保存测量数据。

(14) 使用 Origin 软件对采集到的衍射数据进行分析和处理，得到衍射图谱。

(15) 再取一部分磷酸铁锂正极材料样品小心地放置在 SEM 样品室内的样品台上，并确保其固定牢固。

(16) 启动抽真空系统，将 SEM 样品室内的空气抽出，使其达到工作真空度。

(17) 调节电子束的电流、聚焦等参数，使电子束能够清晰地聚焦在样品表面。

(18) 使用 SEM 配备的探测器进行图像采集，通过调节放大倍数、扫描速度等参数，获取清晰的样品表面图像。

(19) 对采集到的图像进行分析和处理，了解磷酸铁锂正极材料样品的表面形貌、结构等信息。

2.3.5　实验报告

(1) 实验目的、实验原理和实验表征分析。

(2) 分别用四水合磷酸铁、水合氧化铁、硫酸铁为铁源来制备 $LiFePO_4/C$ 复合材料，比较不同铁源的结果，分析不同铁源制备 $LiFePO_4$ 正极材料的电化学性能。

(3) 绘制不同铁源制备 $LiFePO_4$ 的 XRD 图和 SEM 图。

(4) 将实验结果进行对比，分析 $LiFePO_4$ 制备中的最优铁源。

2.3.6　实验注意事项

1. 磷酸铁锂正极材料制备注意事项

(1) 精确计量：要准确称取各原料，确保化学计量比的精确性。

(2) 混合均匀度：充分混合各原料，以保证反应的均匀性。

(3) 升温速率和降温速率：控制好升温速率和降温速率，避免对产物造成不良影响。

(4) 烧结气氛：注意烧结时的气氛条件，防止氧化等问题。

(5) 杂质控制：避免引入杂质，影响材料性能。

(6) 设备清洁：保持设备清洁，防止交叉污染。

(7) 反应时间：合理控制反应时间，避免反应不完全或过度反应。

2. XRD 表征注意事项

(1) 样品制备：确保样品均匀、无择优取向，且具有适当的厚度。

(2) 仪器校准：校准仪器，保证测量精度。

(3) 数据采集：设置扫描范围和步长，确保获得足够的数据点。

(4) 环境因素：避免振动和电磁干扰。

3. SEM 表征注意事项

(1) 样品处理：正确固定和干燥样品，避免污染和损伤。

(2) 真空要求：确保仪器处于高真空状态。

(3) 电子束调节：合理调节电子束电流和聚焦，避免过度照射样品。

(4) 图像采集：选择合适的放大倍数和拍摄参数。

(5) 污染控制：注意防止样品污染和电子束污染。

2.4　铅酸电池储能实验

铅酸电池储能实验是一个综合性的实验，以全面探究铅酸电池的储能特性及性能表现。实验的主要目的是通过实际操作和数据收集，分析铅酸电池在充放电过程中的电压、电流、能量密度等关键参数，以全面评估其储能效率及使用寿命。

2.4.1　实验目的

(1) 了解铅酸电池的结构、原理、性能和应用等相关知识。

(2) 测量铅酸电池在不同电流下的电压，理解电池的内阻以及在不同负载条件下的电压变化。

(3) 测试铅酸电池在不同放电率下的容量。

(4) 测试铅酸电池的充放电特性，包括充电时间、充电速率、放电时间和放电速率。

(5) 铅酸电池的维护和安全，包括检查电解液水平、清洁电机和防止过充或过放。

2.4.2　实验装置

实验所用的设备和仪器仪表由铅酸电池、电阻器、充电器、电压表、电流表、连接线和夹具、温度计、实验室安全设备、实验器材清洗设备、数据记录设备等组成，如图 2.4.1 所示。

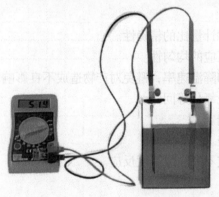

图 2.4.1　铅酸电池实验回路简图

2.4.3　实验原理

铅酸电池是一种电极主要由铅及其氧化物制成，电解液是硫酸溶液的蓄电池。一个单格铅酸电池的标称电压是 2.1 V，能放电到 1.5 V，能充电到 2.4 V。在应用中，经常用 6 个单格铅酸电池串联起来组成标称电压是 12 V 的铅酸电池，也有 24 V、36 V、48 V 等。铅酸电池通常用于汽车启动、照明、UPS(uninterrupted power supply，不间断电源系统)以及其他需要短期放电的应用中。

1. 铅酸电池的结构

铅酸电池(图 2.4.2)的组成元件有以下几种。

正极板(阳极)：通常由二氧化铅(PbO₂)构成，阳极板上附着阳极活性物质。

负极板(阴极)：通常由铅(Pb)构成，阴极板上附着阴极活性物质。

隔板：分隔阳极和阴极的隔离材料，通常是多孔塑料或橡胶材料，用于防止阳极和阴极短路。

电解液：一般为稀硫酸(H₂SO₄)溶液，用于提供离子传导并促进电化学反应。

电池壳体：通常由塑料或其他绝缘材料制成，用于容纳阳极板、阴极板、隔板和电解液，并提供电池的外部保护。

连接器和端子：用于连接电池的外部电路，将电池的阳极和阴极连接到外部设备或其他电池。

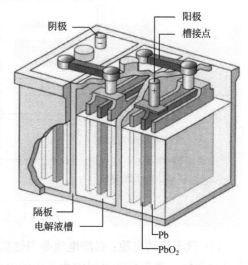

图 2.4.2 铅酸电池结构简图

2. 铅酸电池放电过程

铅酸电池放电时，两个电极的活性物质分别变成 PbSO₄，如图 2.4.3 所示。

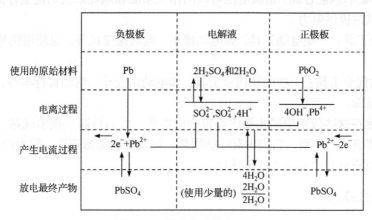

图 2.4.3 铅酸电池放电反应

3. 铅酸电池充电过程

铅酸电池充电时，反应逆向进行，生成 Pb、PbO₂ 和 H₂SO₄，如图 2.4.4 所示。

在接近满充电状态时，铅硫酸盐(PbSO₄)的主要部分会转化为铅(Pb)和铅的氧化物(PbO₂)。当电压高于析气电压(每个单体电池约为 2.39V)时，电池开始经历过充电过程。在过充电状态下，氢气和氧气会被释放出来，这会导致电池中水分的损失。这种现象对电池有害，应尽量避免。

4. 铅酸电池的应用

铅酸电池广泛用于各种应用领域，包括但不限于以下几方面。

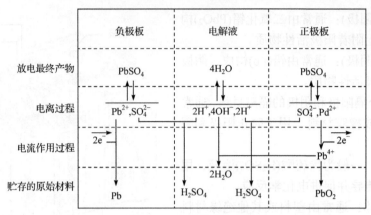

图 2.4.4　铅酸电池充电反应

(1) 汽车启动电池：铅酸电池是内燃机汽车的主要启动电源。它们能够提供高电流以启动发动机，并在行驶过程中为车辆的电气系统提供稳定的电源。

(2) 深循环应用：铅酸电池也被用于深循环应用，如电动车、高尔夫球车、船只和太阳能系统等。这些应用需要在长时间内提供稳定的电能。

(3) 备用电源：在断电或紧急情况下，铅酸电池可以作为备用电源，为关键设备提供电力，如应急照明、报警系统、通信设备等。

(4) 太阳能和风能存储：铅酸电池可以用作太阳能和风能系统的能量存储设备，以便在夜间或无风时提供电力。

(5) 电动工具：一些电动工具，如电动推车、电动拖拉机等，也使用铅酸电池作为其主要能源。

(6) 电动代步工具：一些电动代步工具，如电动摩托车、电动自行车等，也采用铅酸电池作为其电源。

铅酸电池在这些应用中的主要优势包括成本低、可靠性高、技术成熟、易于维护以及电化学性能良好。然而，它们也有一些限制，如较低的能量密度、较大的体积和重量、短寿命以及对充电和放电速率的敏感性。

2.4.4　实验方法及步骤

1. 充电实验步骤

(1) 准备工作：穿戴好实验安全设备，包括护目镜和实验室手套，并确保实验室环境安全整洁。

(2) 连接电路：将充电器正确连接到铅酸电池的阴极和阳极上，确保连接电极正确，并且连接牢固。

(3) 设置充电参数：设置合适的充电器电流和电压参数。

(4) 开始充电：启动充电器，开始给铅酸电池充电，监测充电过程中电池的电压变化，并记录数据。

(5) 充电结束：当电池达到预定的充电状态或充电时间到达时，停止充电，断开充电器和电池之间的连接。

(6) 安全处理：将实验中使用的设备和材料妥善处理，清洁实验器材和仪器，确保实验室环境的安全和整洁。

2. 放电实验步骤

(1) 准备工作：穿戴好实验安全设备，包括护目镜和实验室手套，并确保实验室环境安全整洁。

(2) 连接电路：将负载正确连接到铅酸电池的正负极上，确保连接牢固。

(3) 设置放电负载：设置合适的放电负载，可以是电阻器或其他负载。

(4) 开始放电：启动放电负载，铅酸电池开始放电，监测放电过程中电池的电压变化，并记录数据。

(5) 放电结束：当电池的电压下降到预定的放电结束电压或电池已完全放电时，停止放电，断开电路连接。

(6) 安全处理：将实验中使用的设备和材料妥善处理，清洁实验器材和仪器，确保实验室环境的安全和整洁。

2.4.5 实验报告

(1) 实验目的、实验原理和实验装置。

(2) 实验数据：整理实验过程中获得的数据，包括充电和放电过程中电池的电压变化、充电时间、放电时间等数据。

(3) 实验结果分析：研究充放电过程中电池的行为和性能特点，形成电压变化曲线、计算充放电效率等。

(4) 实验结论：结合实验目的，总结实验结果是否达到预期效果，并对实验中观察到的现象和结果进行解释和说明。

(5) 实验总结：总结实验的过程和体会，包括实验中遇到的问题和解决方法，以及对实验内容的理解和收获。

(6) 密封反应效率测试。

(7) 荷电保持能力测试。

(8) 充放电实验。

(9) 大电流放电特性测试。

(10) 充电接收能力测试。

2.4.6 实验注意事项

(1) 所有实验人员都应穿戴适当的安全装备，包括护目镜和实验室手套，以保护眼睛和皮肤免受电池和实验过程中可能产生的化学物质的伤害。

(2) 确保充电器和负载的电压和电流参数设置正确，并严格按照操作规程进行连接和操作，以避免电击或设备损坏。

(3) 在进行实验时，确保实验室有良好的通风条件，以排除充放电过程中可能产生的气体和蒸汽，减少对实验人员的健康影响。

(4) 在充放电过程中，要定期监测电池和设备的温度变化，以确保在安全范围内操作，并及时采取措施防止过热现象发生。

(5) 确保充放电实验的时间安排合理，不要让实验持续时间过长，以避免设备过热或电池过度放电等问题。

(6) 在实验结束后，要正确处理实验产生的废弃物和化学物品，包括电池、化学试剂等，按照实验室规定进行分类和处理。

2.5　锂离子电池储能实验

随着全球能源需求的不断攀升，以及环境保护意识的普遍增强，寻找高效、可持续的能源解决方案成为全球性的紧迫任务。锂离子电池因其高比能量、长循环寿命以及相对成熟的技术基础，成为实现绿色转型的关键一环。本实验旨在全面评估电池在多样化的充放电条件下的综合性能，例如，在快速充电和深度放电方面的表现，以及在长期循环使用后容量保持能力等。通过精确测量电池的容量，确保锂离子电池在实际应用中既能满足高效储能的需求，又能保持稳定的电力输出，从而有效提升能源利用效率，减少碳排放。

2.5.1　实验目的

(1) 掌握锂离子电池正负极制备过程。
(2) 探究锂离子纽扣电池的工作原理以及电化学分析。
(3) 了解锂离子电池能量转换过程。

2.5.2　实验装置

实验所用的设备和仪器有分析天平、集热式恒温加热磁力搅拌器、数控超声波清洗器、真空干燥箱、电热恒温鼓风干燥箱、离心机、循环水真空泵、低温管式炉、自动涂布机、手动切片机、电池封装机、真空手套箱、电池测试仪和电化学工作站。其中，由于锂离子电池对水分和氧气非常敏感，它们会影响电池的性能和寿命，真空手套箱可以提供一种低水和低氧环境。真空手套箱的主要工作原理是：箱体与气体净化系统形成密封的工作环境，通过气体净化系统不断对箱体内的气体进行净化(主要除去水、氧)，使系统始终保持高洁净和高纯度的惰性气体环境，如图 2.5.1 所示。

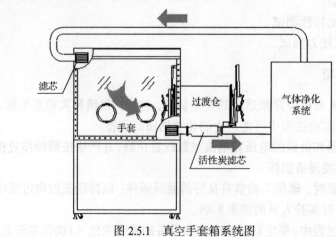

图 2.5.1　真空手套箱系统图

2.5.3　实验原理

锂离子电池由正极、负极、电解液和隔膜组成,正极通常采用富锂的化合物,负极一般采用石墨材料,电解液则是一种具有离子导电性质的溶液,常见的电解液为具有高离子传导率和较宽的电化学稳定窗口的有机溶剂和锂盐,隔膜可以避免正极直接接触负极,以防止短路的发生(图 2.5.2)。当电池进行充电时,Li$^+$会从正极材料层状氧化物中释放出来,嵌入负极材料的石墨层间,而在放电时,这个过程则是相反的。以由 LiFePO$_4$ 和石墨组成的电池系统为例,电池的充电过程的反应如下。

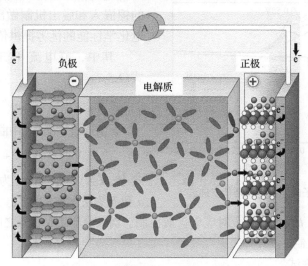

图 2.5.2　锂离子电池的基本结构

正极反应:

$$LiFePO_4 \longrightarrow Li_{1-x}FePO_4 + xLi^+ + xe^- \tag{2.5.1}$$

负极反应:

$$C + xLi^+ + xe^- \longrightarrow Li_xC \tag{2.5.2}$$

整体反应:

$$LiFePO_4 + C \longrightarrow Li_{1-x}FePO_4 + Li_xC \tag{2.5.3}$$

电池的放电过程则相反,外电路的电流从正极流向负极,在电池内部,锂离子则从负极脱出,在正极嵌入重新形成磷酸铁锂,其化学反应如下。

正极反应:

$$Li_{1-x}FePO_4 + xLi^+ + xe^- \longrightarrow LiFePO_4 \tag{2.5.4}$$

负极反应:

$$Li_xC \longrightarrow C + xLi^+ + xe^- \tag{2.5.5}$$

整体反应:

$$Li_{1-x}FePO_4 + Li_xC \longrightarrow LiFePO_4 + C \qquad (2.5.6)$$

2.5.4 实验方法及步骤

1. 实验方法

1) 循环伏安测试

循环伏安测试被用来检测电池在充放电过程中发生的电化学反应，及初始数个循环

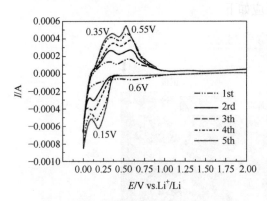

图 2.5.3 锂离子电池典型循环伏安曲线

内的电化学反应的变化趋势，对负极材料的锂嵌入和脱出机制做出解释，为负极的电化学性能的优劣提供依据(图 2.5.3)。

其中，峰电流和扫描速度的关系见式(2.5.7)：

$$i = a\gamma^b \qquad (2.5.7)$$

b 值通过式(2.5.8)中曲线的斜率来确定：

$$\log i = b\log v + \log a \qquad (2.5.8)$$

式中，i 为电流，A；v 为扫描速度，mV/s；a 和 b 为可调整的参数。当 b 为 1 时，对应于赝电容控制；当 b 为 0.5 时，对应于扩散控制。当 b 介于 0.5 和 1 之间时，电荷存储过程中表现为混合机制。

2) 交流阻抗测试

交流阻抗测试是一种电池电化学测试的常用方法，广泛应用于分析电池的动力学过程、机理和各项参数等。常见的测量方法是通过对电池施加小幅的正弦电压信号获得正弦电流响应，计算其比值即可得到阻抗。在不同频率 ω 下测定的阻抗的实部和虚部分别作为横、纵坐标作图，即可得到奈奎斯特图(图 2.5.4)。本实验测试频率范围为 0.1 Hz～100 kHz，振幅为 5 mV，测试温度为室温。本实验的交流阻抗分析以 Nyquist 图为基础，计算得到电池的各部分阻抗和离子扩散系数并进行分析和对比，为电池性能的优劣提供动力学依据。

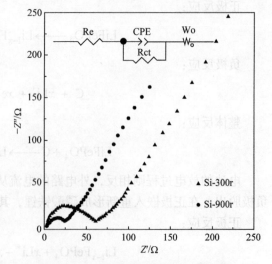

图 2.5.4 锂离子电池典型奈奎斯特图

3) 锂离子扩散系数计算

采用 EIS 对锂离子扩散系数(D_{Li^+})进行计算，D_{Li^+} 的计算公式如下：

$$D_{Li^+} = (R^2T^2)/(2A^2n^4F^4C^2\sigma^2) \qquad (2.5.9)$$

式中，C(离子浓度)可用式(2.5.10)计算：

$$C = \frac{P}{M} \tag{2.5.10}$$

式中，σ(Warburg 系数)可通过 Z' 对 $\omega^{-1/2}$ 的线性拟合的斜率进行推导，用式(2.5.11)计算：

$$Z' = R_{SEI} + R_{ct} + \sigma\omega^{-1/2} \tag{2.5.11}$$

式(2.5.9)~式(2.5.11)中，R 为气体常数($8.314\,\mathrm{J\cdot K^{-1}\cdot mol^{-1}}$)；$T$ 为温度(298 K)；A 为电极片表面积，cm^2；n 为反应中转移的电子数；F 为法拉第常数($96500\,\mathrm{C\cdot mol^{-1}}$)；$C$ 为离子浓度，$\mathrm{mol\cdot cm^{-3}}$；$P$ 为振实密度，$\mathrm{g\cdot cm^{-3}}$；M 为相对摩尔质量，$\mathrm{g\cdot mol^{-1}}$；Z' 为实际电阻，Ω；R_{SEI} 为界面电阻，Ω；R_{ct} 为电荷转移电阻，Ω；σ 为 Warburg 系数；ω 为角频率，$\mathrm{rad\cdot s^{-1}}$。

4) 充放电性能测试

在电池测试系统中对电池进行恒流充放电测试电化学性能，充放电测试温度为 25℃。对于全电池测试，将制备的 $LiFePO_4$ 作为正极，设置放电终止电压为 4.2 V，充电终止电压为 1.5 V，即电池在恒定电流下充放电(如 0.5C、1C 或其他指定速率，0.5C 代表充放电时间为 2 h，1C 代表充放电时间为 1 h)，直到达到终止电压，记录放电过程中的电压、电流和时间，以计算电池容量、能量效率等。电池经过多次充放电循环(如 50 次、100 次、500 次或更多)，每次循环包括一次完整的充放电过程。通过比较初期和后期的放电容量，评估电池的容量保持能力。通过施加小振幅正弦波电压或电流，测量电池的阻抗谱，分析电池内部的电化学反应动力学，如电荷转移、扩散过程等。

2. 实验步骤

(1) 将活性材料、导电炭黑、羧甲基纤维素和聚丙烯酸(质量比为 6:2:1:1)与去离子水研磨混合形成浆料，随后均匀涂覆在铜箔上。

(2) 在 60℃下进行真空干燥 12 h。

(3) 将电极片冲压成直径为 12 mm 和面积为 1.13 cm² 的圆片。

(4) 在 60℃下进行真空干燥 2 h，即得到负极电极片。

(5) 采用磷酸铁锂（$LiFePO_4$）为正极材料的活性物质，与聚偏二氟乙烯(polyvinylidene fluoride，PVDF)、导电炭黑以 8:1:1 的质量比混合于有机溶剂 N-甲基吡咯烷酮(N-methyl pyrrolidone，NMP)中，均匀涂覆在铝箔上，冲压成直径为 12 mm 的圆片，作为正极电极片。

(6) 将得到的正负电极片和电解液进行组装，组装流程为在负极壳上放置负极，滴加电解液($1\,\mathrm{M}\ LiPF_6$+5.0%氟碳酸乙烯酯)润湿负极表面，放置隔膜，滴加电解液完全润湿隔膜，放置正极，再依次放置钢片、弹簧和正极壳，将配置好的电池放入压片机压制为扣式电池，扣式电池内部结构如图 2.5.5 所示。

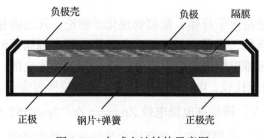

图 2.5.5 扣式电池结构示意图

(7) 擦干组装好的电池表面，去除电解液避免腐蚀壳体，在室温下静置 24 h 以便让电解液浸润电池正负极，使其活化。

(8) 对活化后的电池进行循环伏安测试，将电池连接到测试设备上，设置参数：测试电位区间为 0.01～2 V，扫描速率为 0.1 mV/s 和 1 mV/s，测试温度为室温，测试圈数为初始 5 圈。

(9) 启动测试，记录循环伏安曲线。

(10) 再取活化后电池进行交流阻抗测试，测试频率范围为 0.1 Hz～100 kHz，振幅为 5 mV，测试温度为室温。

(11) 启动测试，获取并拟合阻抗谱数据，获得奈奎斯特图，将奈奎斯特图中最低频率区域的几个点重新绘制为 Z' 与 $\omega^{-1/2}$ 的关系图，代入式(2.5.9)，进而求得锂离子的扩散系数。

(12) 取活化后电池进行充放电性能测试，设置放电终止电压为 4.2V，充电终止电压为 1.5 V，在电流密度为 0.5C 和 1C 的恒电流下进行循环实验。

2.5.5 实验报告

(1) 实验目的、实验原理和实验数据分析。

(2) 通过 CV 测试结果，绘制循环伏安曲线，分析峰电流、峰电位等参数的奈奎斯特图以及充放电曲线图。

(3) 通过 EIS 测试结果，绘制奈奎斯特图，分析电池的阻抗特性并计算锂离子扩散系数。

(4) 通过充放电性能测试，绘制充放电曲线图，计算电池容量、效率等性能指标。

2.5.6 实验注意事项

(1) 环境控制：保持环境清洁、干燥，严格控制水分和氧气含量。

(2) 材料均匀性：确保活性材料、导电剂等混合均匀，以保证性能一致性。

(3) 涂膜厚度：控制涂膜厚度的均匀性，避免过厚或过薄。

(4) 压实密度：合理控制正负极的压实密度，会影响电池的容量和性能。

(5) 电极尺寸精度：保证电极尺寸的准确性，避免尺寸偏差影响电池组装。

(6) 表面清洁：保持电极表面清洁，避免杂质影响性能。

(7) 安全防护：在操作过程中注意安全，防止意外发生。

2.6 Fe-H₂O 系电位 pH 图测定

无论是电子导体还是离子导体，根据物理化学理论，凡是固相颗粒同液相接触，在其界面上必定产生偶电层，它是一封闭的均匀的偶电层，因而不形成外电场，其间的电位差称为电极电位。标准电极电位是以标准氢原子作为参比电极，即氢的标准电极电位值定为 0，与氢标准电极比较，电位较高的为正，电位较低者为负。例如，氢的标准电极电位 $H_2 \rightleftharpoons H^+$ 为 0 V，锌标准电极电位 $Zn \rightleftharpoons Zn^{2+}$ 为 –0.762 V，铜的标准电极电位 $Cu \rightleftharpoons Cu^{2+}$ 为 0.337 V。金属浸在只含有该金属盐的电解溶液中，达到平衡时所具有的电极电位,称为该金属的平衡电极电位。当温度为 25℃,金属离子的有效浓度为 1 mol/L (即活度为 1)时测得的平衡电位,称为标准电极电位。

2.6.1　实验目的

(1) 测定 Fe-H_2O 系溶液在不同 pH 下的电极电位,绘制 Fe-H_2O 系电位 pH 图。

(2) 掌握电极电位 pH 测定原理和方法,熟悉 pH 计的使用。

2.6.2　实验装置

实验装置如图 2.6.1 所示。仪器包括:①稳压器 1 台;②磁力搅拌器 1 台;③pH S-2 型酸度计 1 台(配铂电极 1 支、pH 复合电极 1 支、饱和甘汞电极 1 块);④DT890A 数字电压表 1 块。

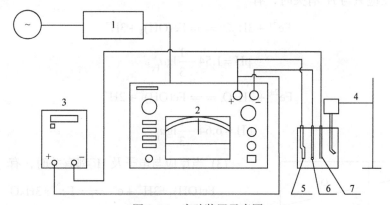

图 2.6.1　实验装置示意图

1-稳压器;2-pH S-2 型酸度计;3-数字电压表;4-磁力搅拌器;5-饱和甘汞电极;6-pH 复合电极;7-铂电极

试剂包括:①$Fe_2(SO_4)_3 \cdot 6H_2O$ (化学纯(chemically pure, CP));②$FeSO_4 \cdot 7H_2O$ (分析纯(analytical reagent, AR));③硫酸(分析纯);④NaOH (分析纯)。

2.6.3　实验原理

物质在水溶液中的反应,根据有无 H^+ 和电子参加,可分为三类,以式(2.6.1)表示。

$$aA + nH^+ + ze^- = bB + cH_2O \qquad (2.6.1)$$

(1) 当反应只与电子有关,与 H^+ 无关 (即 $n=0$) 时,有

$$E = -\frac{\Delta_r G_T^\Theta}{zF} - \frac{2.303RT}{zF} \lg \frac{a_B^b}{a_A^a} \qquad (2.6.2)$$

(2) 当反应只与 H^+ 有关,与电子无关 ($z=0$) 时,有

$$pH = -\frac{\Delta_r G_T^\Theta}{2.303nRT} - \frac{1}{n} \lg \frac{a_B^b}{a_A^a} \qquad (2.6.3)$$

(3) 当反应与 H^+ 和电子都有关时,有

$$E = -\frac{\Delta_r G_T^\Theta}{zF} - \frac{2.303RT}{zF} \lg \frac{a_B^b}{a_A^a} - \frac{2.303nRT}{zF} pH \qquad (2.6.4)$$

式中，a_A 和 a_B 为物质 A 和 B 的活度；T 为热力学温度，K；R 为摩尔气体常数，8.314 J/(mol·K)；F 为法拉第常数，96500 C/mol；$\Delta_r G_T^{\ominus}$ 为反应的标准吉布斯自由能变化。

现以 Fe-H_2O 系为例，分析如下。

(1) 当反应只与电子有关时，有

$$Fe^{3+} + e^- \Longrightarrow Fe^{2+} \tag{2.6.5}$$

$$E = 0.77 + 0.059 \lg \frac{a_{Fe^{3+}}}{a_{Fe^{2+}}} \tag{2.6.6}$$

$$Fe^{2+} + 2e^- \Longrightarrow Fe \tag{2.6.7}$$

$$E = -0.44 + 0.0295 \lg a_{Fe^{2+}} \tag{2.6.8}$$

(2) 当反应只与 H^+ 有关时，有

$$Fe^{3+} + 3H_2O \Longrightarrow Fe(OH)_3 + 3H^+ \tag{2.6.9}$$

$$pH = 1.54 - \frac{1}{3} \lg a_{Fe^{3+}} \tag{2.6.10}$$

$$Fe^{2+} + 2H_2O \Longrightarrow Fe(OH)_2 + 2H^+ \tag{2.6.11}$$

$$pH = 6.64 - \frac{1}{3} \lg a_{Fe^{2+}} \tag{2.6.12}$$

(3) 当反应与电子及 H^+ 都有关时，有

$$Fe(OH)_3 + 3H^+ + e^- \Longrightarrow Fe^{2+} + 3H_2O \tag{2.6.13}$$

$$E = 1.04 - 0.059 \lg a_{Fe^{2+}} - 0.177 pH \tag{2.6.14}$$

$$Fe(OH)_3 + H^+ + e^- \Longrightarrow Fe(OH)_2 + H_2O \tag{2.6.15}$$

$$E = 0.258 - 0.059 pH \tag{2.6.16}$$

$$Fe(OH)_2 + 2H^+ + 2e^- \Longrightarrow Fe + 2H_2O \tag{2.6.17}$$

$$E = -0.048 - 0.059 pH \tag{2.6.18}$$

上述反应的基本条件是：温度为 25℃，$a_{Fe^{2+}} = a_{Fe^{3+}} = 1$ 克离子/升。

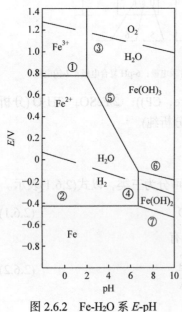

图 2.6.2　Fe-H_2O 系 E-pH

图 2.6.2 为 Fe-H_2O 系 E-pH。由图 2.6.2 可以看出：在指定离子浓度和温度一定时，①、②线与 H^+ 无关是水平线，③、④线与电子无关是垂直线，⑤、⑥、⑦线与电子和 H^+ 都有关是斜线。

2.6.4　实验方法及步骤

1. 溶液配制

用 $Fe_2(SO_4)_3 \cdot 6H_2O$ 和 $FeSO_4 \cdot 7H_2O$ 试剂配成[Fe^{3+}] = [Fe^{2+}] = 0.01 克离子/升的溶液。溶液配制：称取 0.381 g $Fe_2(SO_4)_3 \cdot 6H_2O$ 及 0.417 g $FeSO_4 \cdot 7H_2O$ 于烧杯中，加蒸馏

水 150 ml，充分摇匀，至完全溶解，溶液呈透明、清亮为止。

2. 仪器线路连接

仪器线路连接如图 2.6.1 所示。

3. 操作步骤

1) pH 测量(pH S-2 型酸度计的使用)

(1) 插入插头，接通电源，打开仪器电源开关，预热仪器半小时左右。

(2) 选择 pH 测量。

(3) 用温度计测量被测溶液温度值。

(4) 调节温度调节器在该温度值。

(5) 将斜率调节器调到最大值。

(6) 定位：在试杯内放入 pH=0.684 标准试液作为定位标液。将 pH 复合电极浸入标液中，调节定位开关使指示在该 pH(pH=0.684)，并摇动试杯使指示稳定为止，定位完毕。

(7) 测量：换上被测溶液，开动搅拌器(1-2 挡)，按下读数开关，读 pH，记下读数，在试液中滴加硫酸，调试液 pH 为 1，并测 pH=1 所对应的电位值。然后在试液中滴加不同浓度的 NaOH 溶液，调试液 pH 为 1.5、2.0、2.3、3.5、4.5、5.5、6.5、7.5、8.0、9.0、10.0，测出以上试液的 pH 所对应的电位值。做好记录。

2) 电位测量

(1) 接上数字电压表，正极接甘汞电极，负极接铂电极，测出试液不同 pH 的对应电位值(指针要稳定时才能读数)。做好记录。

(2) 电压表扭到直流(DC)，2V 位置，接通电源。

2.6.5　实验报告

(1) 实验目的、实验原理和实验装置。

(2) 实验数据：整理实验过程中获得的数据。

(3) 根据实验数据，绘制 Fe-H_2O 系 E-pH 图。

(4) 将实验数据绘制的 Fe-H_2O 系 E-pH 图与理论下的 Fe-H_2O 系 E-pH 图进行比较，讨论比较结果，分析产生误差的原因。

2.6.6　实验注意事项

(1) pH 计校准后，不能再扭动定位开关和零点开关。

(2) 不能用手触及玻璃电极前端的小球部分，以免玻璃电极损坏。

(3) 在 pH<2 时，可使用较浓的碱液；中性时，应用稀碱液调 pH。

2.7　阳极极化曲线的测量

阳极极化曲线表示阳极电极电位与阳极电极上电流密度变化关系的曲线。极化曲线越陡，说明电位偏移程度越大，极化越强，即电极过程受到阻碍越大。反之，曲线平缓，说明极化程度小，电极过程顺利。极化曲线分为四个区，活性溶解区、过渡钝化区、稳定钝化区、过钝化区。极化曲线可用实验方法测得。分析研究极化曲线，是解释金属腐蚀的基本规律、揭示金属腐蚀机理和探讨控制腐蚀途径的基本方法之一。

2.7.1　实验目的

(1) 掌握恒电位法测定阳极极化曲线的原理和方法。

(2) 了解自腐蚀电位、自腐蚀电流、自腐蚀速率、自腐蚀电流密度、致钝电位和维钝电位、过钝化电位以及致钝电流密度和维钝电流密度等概念。

(3) 了解极化曲线的意义和应用。

2.7.2　实验装置

V3 电化学工作站(AMETEK)1 台；电解池 1 个；饱和甘汞电极(参比电极)；工作电极 ϕ1 cm(Q235 和 304 钢)；Pt 片电极；试剂　1 mol/L(NH$_4$)$_2$CO$_3$ 溶液；磁力搅拌器(CJJ78-1)。实验设备操作参照《进行动电位阳极极化测量的标准参考实验方法》(ASTM G5—2014)和《不锈钢用阳极极化曲线测量方法》(JIS G0579—2007)。

2.7.3　实验原理

极化曲线的测定是研究电极过程机理和电极过程影响各种因素的重要方法。将一种金属浸在电解液中，在金属与溶液之间就会形成电位，称为该金属在该溶液中的电极电位。当电极上几乎没有电流通过，每个电极反应都是在接近平衡状态下时，该电极反应是可逆的。当有电流明显地通过电极时，平衡状态被破坏，电极电势偏离平衡值，电极反应处于不可逆状态，而且随着电极上电流密度的增加，电极反应的不可逆程度也随之增大，称为电极的极化。如果电极为阳极，则电极电位将向正方向偏移，称为阳极极化；对于阴极，电极电位将向负方向偏移，称为阴极极化。由于电流通过电极而导致电极电势偏离平衡值的现象称为电极的极化，描述电流密度与电极电势之间关系的曲线称作极化曲线。

阳极极化曲线可以用恒电位法和恒电流法测定。图 2.7.1 是一条较典型的阳极极化曲线。曲线 ABCD 是恒电位法(即维持电位恒定，测定相对应的电流值)测得的阳极极化曲线。当电位从 A 点逐渐正向移动到 B 点，即临界钝化电位 E_b，电流也随之增加到 B 点，当电位过 B 点以后，电流反面急剧减小，开始发生钝化，这是因为在金属表面上生成了一层高电阻耐腐蚀的钝化膜，人为控制电位增高到 C 点，电流逐渐衰减到 C 点，在 C 点之后，电位若继续增高，由于金属完全进入钝态，电流维持在一个基本不变的很小的值——维钝电流密度 i_p。当电位增高到 D 点以后，金属进入了过钝化状态，电流又重新增大。A 点到 B 点的范围称为活化区，从 B 点到 C 点称为活化-钝化过渡区，从 C 点到 D 点称为钝化稳定区，过 D 点以后称为过钝化区，钝化了的金属又重新溶解。对应于 B 点的电流密度称为致钝电流密度 i_b，对应于 C 点或 D 点的电流密度称为维钝电流密度 i_p。

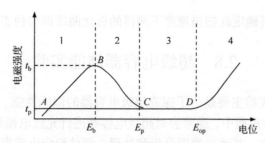

图 2.7.1　金属的典型阳极极化曲线

若把金属作为阳极，通过致钝电流使之钝化，用维钝电流去保护其表面的钝化膜，可使金属的腐蚀速度大大降低，这是阳极保护原理。

2.7.4　实验方法及步骤

(1) 电极处理：用金相砂纸将电极表面打磨平整光亮，用蒸馏水冲洗，乙醇超声波清洗 10 min，冷风吹干。

(2) 测量极化曲线：

① 打开电化学工作站的软件 VersaStudio。

② 安装电极，使电极进入电解质溶液中，将绿色夹头夹工作电极，黑色夹头夹 Pt 片电极，白色夹头夹参比电极。

③ 测定开路电位。选择 New → Actions-Open Circuit 选项，选择参数，时间选 500 s，其他可用仪器默认值，单击"确认"按钮。单击"实验开始"按钮开始实验。

④ 开路电位稳定后，测电极极化曲线。选择 Actions → Potentiodynamic 选项。初始电位设为"–0.25V"(OCP)，终止电位设为"1.1V"(RF)，扫描速度设为"1 mV/s(不锈钢)""10 mV/s(Q235)"，其他可用仪器默认值，单击"▶"按钮开始实验，自动画出极化曲线。

(3) 实验完毕，清洗电极、电解池。

2.7.5　实验报告

(1) 实验目的，实验原理和实验装置。

(2) 实验数据：整理实验过程中获得的数据。

(3) 画出 Q235 和不锈钢的极化曲线。

(4) 计算出自腐蚀电流密度、自腐蚀电位、钝化电流密度及钝化电位范围。

2.7.6　实验注意事项

在实际测量中，常采用的恒电位法有两种：①静态法，将电极电势较长时间地维持在某一恒定值，同时测量电流密度随时间的变化，直到电流基本上达到某一稳定值，如此逐点地测量在各个电极电势下的稳定电流密度值，以获得完整的极化曲线的方法。②动态法，控制电极电势以较慢的速度连续地改变(扫描)，并测量对应电势下的瞬时电流密度，并以瞬时电流密度值与对应的电势作图就得到整个极化曲线。所采用的扫描速度(即电势变化的速度)需要根据研究体系的性质选定。一般说来，电极表面建立的稳态速度较小，为测得稳态极化曲线，人们通常依次减小扫描速度测定若干条极化曲线，当测至极化曲线不再明显变化时，可确定此扫描速度下测得的极化曲线即为稳态极化曲线。

2.8 超级电容器储能实验

超级电容器储能实验主要是为了探究超级电容器的储能性能、充放电特性以及循环寿命等关键指标。实验过程中，通常会对超级电容器进行充放电循环测试，记录电压、电流和时间等参数的变化，并通过数据分析和处理，评估超级电容器的性能表现。

2.8.1 实验目的

(1) 了解超级电容器的结构、原理、性能和应用等相关知识。

(2) 绘制超级电容器的循环伏安曲线。

(3) 测量超级电容器的电容量：通过测量不同电压下电容器的充电曲线，计算电容值。

(4) 研究电容器的充放电特性：观察电容器在充电和放电过程中的电压变化，并分析充放电时间常数等参数。

(5) 利用超级电容器构建灯泡闪烁电路：设计一个简单的电路，利用超级电容器存储能量并周期性地点亮灯泡。

2.8.2 实验装置

图 2.8.1 为超级电容器的充放电实验简图。实验所用的设备和仪器仪表由超级电容器、直流电源、电阻、电压表、电流表、温度计、开关、连接线和插头、数据采集器、安全装备等组成。

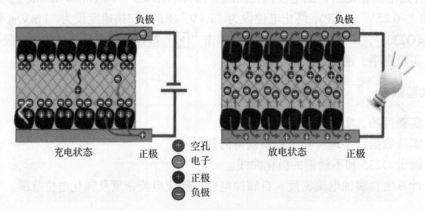

图 2.8.1 超级电容器的充放电实验简图

2.8.3 实验原理

1. 超级电容器的原理与结构

超级电容器是介于传统电容器与电池之间的一种新型电化学储能器件，它相比传统电容器有着更高的能量密度，静电容量能达千法拉至万法拉级；相比电池有着更高的功率密度和超长的循环寿命，因此它兼具传统电容器与电池的优点，是一种应用前景广阔的化学电源。根据储能机理的不同，超级电容器可以分为双电层电容和法拉第电容两类。

其主要是利用电极/电解质界面电荷分离所形成的双电层，或借助电极表面、内部快速的氧化还原反应所产生的法拉第"准电容"来实现电荷和能量的储存。因此，超级电容器具有充电速度快、大电流放电性能好、超长的循环寿命、工作温度范围宽等特点。超级电容储能装置主要由超级电容组和双向 DC/DC 变换器以及相应的控制电路组成。

超级电容器主要由集流体、电极、电解质以及隔膜等组成，其中，隔膜用于将两电极隔开，防止电极间短路，允许离子通过，如图 2.8.2 所示。超级电容器储能的基本原理是通过电解质和电解液之间界面上电荷分离形成的双电层电容来储存电能。

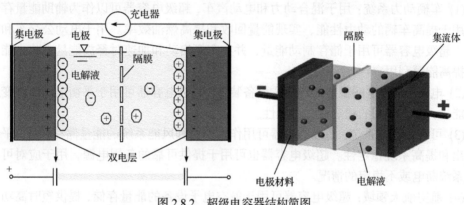

图 2.8.2　超级电容器结构简图

2. 超级电容器的性能

超级电容器的能量储存要求包括能量密度、功率密度和循环寿命等方面。能量密度是指装置单位体积或单位重量的储存能量，更高的能量密度意味着超级电容器可以储存更多的能量，但目前超级电容器的能量密度相对较低，需进一步提高。图 2.8.3 为超级电容器的功率密度-能量密度变化范围参考。

为深入理解超级电容器能量存储机制，并对超级电容器的性能进行优化，通常需要利用循环伏安曲线和恒流放电曲线两种来表征不同超级电容器的电极性能。图 2.8.4 给出了不同能量存储机制下，超级电容器电极循环伏安曲线及恒流放电曲线，其中，图 2.8.4(a)

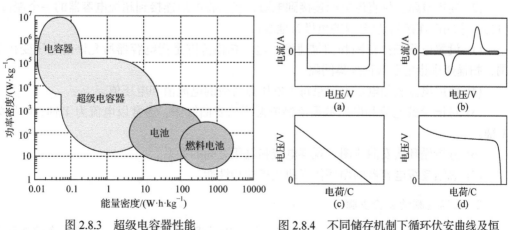

图 2.8.3　超级电容器性能　　　　图 2.8.4　不同储存机制下循环伏安曲线及恒
　　　　　　　　　　　　　　　　　　　　　流放电曲线

和(c)分别表示双电层电容、赝电容储存机制下，超级电容器电极的循环伏安曲线及恒流放电曲线；图 2.8.4(b)和(d)分别表示法拉第电容储存机制下，超级电容器电极的循环伏安曲线及恒流放电曲线。

3. 超级电容器的应用

超级电容器由于具有高功率密度、快速充放电速度和长周期寿命等特点，被广泛应用于各种领域的储能和功率管理系统中。

(1) 车辆动力系统：用于混合动力和电动汽车，超级电容器可以作为辅助能量存储装置，用于提高车辆的动力性能、实现能量回收和提高燃油效率。用于电动公交车和轨道交通，超级电容器可用于储存制动能量，并在车辆启动和加速时释放能量，减少能量浪费和提高能源利用率。

(2) 电网：用作电网稳定器和能量储备装置，超级电容器可用于平衡电网负载变化和储备能量，提高电网的稳定性和可靠性。

(3) 可再生能源系统：超级电容器可用作太阳能和风能系统的能量储存装置，平滑能源输出和提高系统稳定性。超级电容器也可用于提供可靠的备用电源，用于应对可再生能源系统断电或不稳定的情况。

(4) 航空航天领域：超级电容器可用于航空电子设备的能量存储，提供短时高功率需求的能量支持，如起飞时的辅助动力。

(5) 电子产品和消费品：超级电容器可用于提供电子产品(如手机、笔记本电脑)的备用电源，延长设备使用时间和改善用户体验，也可用于储存和管理可穿戴设备和智能家居设备的能量，增强其独立工作时间和便携性。

2.8.4　实验方法及步骤

1. 循环伏安曲线实验步骤

(1) 准备工作：穿戴好实验安全设备，包括护目镜和实验室手套，并确保实验室环境安全整洁。

(2) 连接电路：将直流电源连接到电阻，然后将电阻连接到超级电容器的一个端口，将另一个端口连接到地(电源的负极或地线)。

(3) 设置电压扫描范围和扫描速率：电压扫描范围是指电容器所允许的电压变化范围，扫描速率指电压数据采集间隔。

(4) 使用电流表和电压表记录每个电压点对应的电流值和电压值。

(5) 将记录的电流和电压数据绘制成循环伏安曲线图，通常以电流为 Y 轴，电压为 X 轴。

(6) 分析循环伏安曲线图，观察电流和电压之间的关系。

(7) 总结超级电容器的循环伏安曲线特性和性能。

2. 电容量测量实验步骤

(1) 准备工作：穿戴好实验安全设备，包括护目镜和实验室手套，并确保实验室环境安全整洁。

(2) 连接电路：将直流电源连接到电阻，然后将电阻连接到超级电容器的一个端口，将另一个端口连接到地(电源的负极或地线)。

(3) 充电超级电容器：调整直流电源的电压和电流，开始给超级电容器充电。使用电流表监测充电过程中的电流变化，记录充电电流随时间的变化。

(4) 使用电压表测量充电过程中的电压变化，记录电容器在不同时间点的电压值。

(5) 计算电容量：

$$It = C(U_1 - U_2) \tag{2.8.1}$$

式中，I 为负载的电流；t 为工作时间；C 为超级电容器的容量；U_1 为负载工作的起始电压；U_2 为负载工作的截止电压。

(6) 绘制超级电容器的充电曲线图，并计算电容量的平均值或最终值。

(7) 根据实验结果和数据，总结超级电容器的电容量特性和性能。

2.8.5　实验报告

(1) 报告内容包括实验目的、实验原理和实验装置、实验步骤、实验数据、实验结果与结论等。

(2) 依据不同实验内容，撰写如下相关实验报告。

① 实验目的、实验原理和实验装置。

② 实验数据，整理实验过程中获得的数据。

③ 实验结果分析，绘制相应曲线或计算所需数据。

④ 实验结论，结合实验目的，总结实验结果是否达到预期效果，并对实验中观察到的现象和结果进行解释和说明。

⑤ 实验总结，总结实验的过程和体会，包括实验中遇到的问题和解决方法，以及对实验内容的理解和收获。

⑥ 充放电性能测试实验。

⑦ 循环寿命测试实验。

⑧ 内阻测试实验。

⑨ 温度特性测试实验。

⑩ 自放电测试实验。

⑪ 能量回收和存储效率测试实验。

⑫ 串联和并联性能测试实验。

2.8.6　实验注意事项

(1) 所有实验人员都应穿戴适当的安全装备，包括护目镜和实验室手套，以保护眼睛和皮肤免受电池和实验过程中可能产生的化学物质的伤害。

(2) 在实验前，应充分了解超级电容器的工作电压、最大充电电流等参数，以及所有化学品和材料的安全数据表。

(3) 在连接电路时，确保超级电容器、电阻和其他电气设备正确连接，避免任何可能导致短路的操作，短路可能会导致超级电容器过热、损坏，甚至引发火灾。

(4) 在充电和放电过程中，监测超级电容器的温度。若电容器过热，应立即停止实验并断开电源，以防止损坏器件或引起更严重的安全事故。

(5) 在进行任何调整或更换连接前，确保电源关闭。

(6) 确保实验区域通风良好，远离易燃物质。准备适当的灭火器和急救设施。

(7) 在实验结束后，要正确处理实验产生的废弃物和化学物品，包括电池、化学试剂等，按照实验室规定进行分类和处理。

2.9　钠硫电池储能实验

钠硫电池以其高能量密度、长循环寿命、高充放电效率、环保节能、优异的大电流放电能力和良好的循环性能，在储能领域展现出巨大潜力，尤其适合大规模固定式储能应用。尽管伴随有工作温度高和安全设计的挑战，但持续的技术进步正推动其成为高效、经济的能源存储解决方案之一。钠硫电池储能实验旨在全面评估与优化其储能性能，包括充放电效率、循环寿命等关键指标，确保安全性和稳定性。同时，在不同的环境条件下(如高湿、高温和低温等)测试电池的性能，评估其密封性和环境适应能力，为推进高效、环保的能源存储解决方案提供科学依据。

2.9.1　实验目的

(1) 学习并理解钠硫电池反应及工作原理。

(2) 熟悉并掌握钠硫电池的测试方法。

(3) 认识并了解电化学测试的仪器设备。

2.9.2　实验装置

钠硫电池储能实验所用的设备和仪器仪表由电池测试系统、电化学工作站、恒温恒湿箱、精密电子天平、液态气体罐和气体流量控制器、循环水真空泵、真空冷冻干燥机器、扣式电池封口机、极片冲切设备、手套箱、各类分析仪器和安全设备组成。其中，电池测试系统包括充放电设备、电流源、电压源和数据采集系统，用于对钠硫电池进行循环充放电测试，并评估其性能参数，如容量、循环寿命等。

电化学工作站通过施加不同电位来研究电极材料的电化学行为，例如，循环伏安测试可用于分析电极的氧化还原行为，交流阻抗谱分析可用于评估电极的界面特性和电荷传输过程。恒温恒湿箱用于控制实验室温度和湿度，确保实验条件的稳定性，因为温度和湿度变化会影响钠硫电池的性能。精密电子天平用于准确称量原材料和溶液，以确保实验的可重复性和准确性。液态气体罐和气体流量控制器用于提供实验中所需的气体，如氮气或氢气，以维持反应环境中的纯净度和压力。安全设备包括安全柜——用于存放化学品和危险物品，护目镜和防护手套——用于保护实验人员的安全。由于钠硫电池涉及化学反应和高温操作，安全设备至关重要，以防止意外发生。

2.9.3　实验原理

1. 钠硫电池结构

钠硫电池有固态和液态，主要以液态电池为主。如图 2.9.1 所示，钠硫电池由负极、电解质、隔膜和外壳等组成。正极活性物质是硫和多硫化钠熔盐，由于硫是绝缘体，所以通常在正极添加碳毡或多孔碳材料以增加电极材料的导电性，负极活性物质是熔融的金属钠或固态钠，电解液以醚类电解液为主。

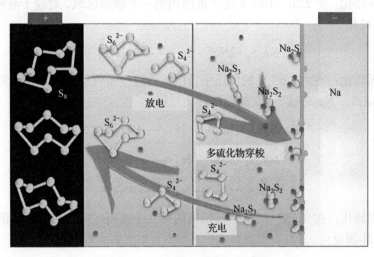

图 2.9.1 钠硫电池结构示意图

2. 钠硫电池的工作原理

如图 2.9.2 所示，室温钠硫电池理论比能量为 $954\ W\cdot h\cdot kg^{-1}$，其电化学性能表现远高于高温钠硫电池。通常，钠硫电池由钠金属负极、有机液体电解质和硫碳复合正极等组成。通过金属钠与单质硫在室温下的电化学反应实现化学能与电能的转换。放电时，金属钠产生 Na^+ 和电子。Na^+ 随着电解质移动到硫正极，S 与 Na^+ 结合，首先形成长链多硫化钠，随后转化为短链多硫化钠。

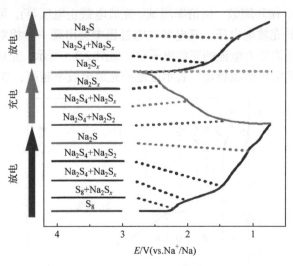

图 2.9.2 钠硫电池工作原理图

钠硫电池室温下电极反应如下。

(1) 固-液转化：在约 2.2 V 的高压平台区对应于从固相 S_8 转化为溶解于电解液的液

相 Na_2S_8 的转化。

$$S_8+2Na^+ + 2e^- \longrightarrow Na_2S_8 \tag{2.9.1}$$

(2) 液-液转化：在 2.20～1.65 V 电压范围内的一个倾斜区域，对应于液相的 Na_2S_8 和 Na_2S_4 之间的转化。

$$Na_2S_8+2Na^+ + 2e^- \longrightarrow 2Na_2S_4 \tag{2.9.2}$$

(3) 液-固转化：在约 1.65 V 的低压平台区，通过一系列反应的共存，对应于从液相的 Na_2S_4 到 Na_2S_3、Na_2S_2 或 Na_2S 的固相转化过程。

$$Na_2S_4+2/3Na^+ + 2/3e^- \longrightarrow 4/3Na_2S_3 \tag{2.9.3}$$

$$Na_2S_4+2Na^+ + 2e^- \longrightarrow 2Na_2S_2 \tag{2.9.4}$$

$$Na_2S_4+6Na^+ + 6e^- \longrightarrow 4Na_2S \tag{2.9.5}$$

(4) 固-固转化：在 1.65～1.20 V 范围内的第二个倾斜区域，对应于不溶的 Na_2S_2 和 Na_2S 之间的固-固反应。

$$Na_2S_2+2Na^+ + 2e^- \longrightarrow 2Na_2S \tag{2.9.6}$$

2.9.4 实验方法及步骤

1. 实验方法

1) 充放电曲线

充放电曲线是一种描绘电池在充放电过程中电流、电压和功率变化的曲线。充放电性能是表征电极材料电化学性能必不可少的关键指标之一。其具体根据对电池设定测试步骤(包括静置时间、循环圈数、恒倍率测试、充放电截止电压等)，可以得到相应充放电性能参数，如电池的充放电电压。充电和放电过程中会出现一个相对平稳的平台区域，这个区域对应的电压值即为电池的充放电平台。如图 2.9.3 所示，充放电平台是评估电池性能的重要参数，其电压值越稳定，表示电池的充放电效率越高，性能越好。

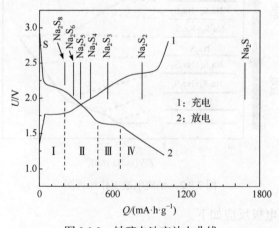

图 2.9.3　钠硫电池充放电曲线

2) 倍率测试

如图 2.9.4 所示，倍率性能曲线在电池领域中是一种重要的性能分析工具。倍率代表具体的电流值，它是通过将倍率乘以电池的容量来得出的。电池的倍率曲线可以用来描绘电池在不同放电倍率下的性能表现，通常倍率越高，电池的放电能力越强，但同时也会影响电池的寿命和稳定性。图中，$mg_s\,cm^{-2}$ 代表活性物质不同面载量。

3) 电化学阻抗测试

电化学阻抗谱(EIS)是研究电极内部动力学非常重要的一项表征手段。如图 2.9.5 所示，通过对电极施加小幅度交流电压或电流，从而获得电极的交流阻抗数据。EIS 数据通常必须是用包含等效电路元件的模型来解释，它们是由电容、电感和电阻组成的。这样可以获得关于 EIS 的双层电容、欧姆电阻和电荷转移电阻。通过电池循环前后阻抗的变化可以评估电池的电化学性能差异程度，并利用低频区的斜线反映离子的扩散情况。

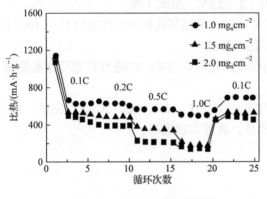

图 2.9.4　钠硫电池倍率性能

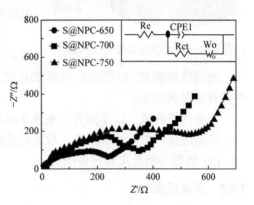

图 2.9.5　钠硫电池典型 EIS 谱

4) 循环伏安法

循环伏安法(CV)是一种电化学分析技术，用于评估电池性能和电极反应特性。

在该测试中，通过在设定的电压范围内对电池施加循环变化的电压脉冲，测量随之产生的电流响应，以此来探究电池的电化学行为。这包括可逆性、容量、电荷转移动力学以及反应机理等关键指标，对于理解电池的充放电过程、优化电池材料及提高电池系统的整体性能至关重要。如图 2.9.6 所示，在钠硫测试过程中，会特别关注循环伏安曲线中的峰电流、峰值位置以及峰形变化，这些信息反映了电池内发生的电化学反应及其稳定性，有助于深入研究和改进钠硫电池的技术性能。

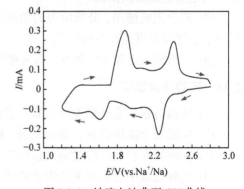

图 2.9.6　钠硫电池典型 CV 曲线

2. 实验步骤

(1) 电极片的制备：穿戴好绝缘手套和防护眼镜，根据 70:20:10 的质量比依次将正极材料(硫)、乙炔黑和羧甲基纤维素钠黏结剂分散于少量超纯水和乙醇中，最后在一定的转速、

负极壳

弹片

垫片

钠片

隔膜

正极片

正极壳

图 2.9.7　扣式钠硫电池结构示意图

频率以及搅拌时间下,混成均匀的电极浆料,并涂在铝箔上,放入真空烘箱中 60℃干燥。

(2) 压片:采用压片机将其冲压成特定尺寸的电极片。

(3) 电池组装:如图 2.9.7 所示,在手套箱中(水氧值均小于 0.1 ppm,1 ppm 代表 10^{-6} 量级)将正极片、负极材料(金属钠)、隔膜(玻璃纤维)组装扣式电池,最后采用封口机进行电池壳的密封。

(4) 测试:将电池装到测试柜中,并设计程序进行电化学性能测试。

CV 曲线测试:以扫描速度为 $0.1\,\mathrm{mV\cdot s^{-1}}$,截止电压为 1.2~2.8V,测试 3 圈。

EIS 测试:将循环前的电池在 $0.01\,\mathrm{Hz}{\sim}100\,\mathrm{kHz}$ 频率范围内测试。

循环性能测试:以低充放电速率(0.5C)和较高充放电速率(3C)进行长循环性能测试,并计算容量保持率。

倍率性能测试:以不同充放电速率(0.2C、0.5C、1C、2C、3C、5C)进行测试。

实验结束:关闭测试系统,取出电池样品,清理实验现场。

(5) 数据分析及实验报告撰写。

2.9.5　实验报告

(1) 实验目的、实验原理和实验数据分析。

(2) 根据充放电曲线,分析钠硫电池容量保持率和稳定性。

(3) 根据倍率曲线,分析钠硫电池在不同充放电速率下的性能表现。比较分析差异原因,为电池优化提供依据。

(4) 拟合阻抗谱图,分析电池的阻抗特性、界面结构以及动力学信息。比较分析电池的性能表现以及可能存在的问题。

(5) 分析钠硫电池 CV 曲线,探究电池可逆性和反应原理及活性。

2.9.6　实验注意事项

(1) 实验过程中应严格遵守实验室安全规定,确保人员和设备安全。

(2) 穿戴安全防护设备,如防火服、防火毯等,以防止电池热失控导致的火灾事故。

(3) 在进行实验前,应对测试系统进行全面检查,确保其处于良好状态。

(4) 实验过程中应密切关注电池的状态,如果发现异常情况应立即停止实验并采取措施处理。

(5) 实验结束后,应对实验器材如压片机进行清理和维护,为下次实验做好准备。

2.10　液流电池储能实验

液流电池储能实验主要是为了研究和评估液流电池在储能方面的性能、效率和稳定性。液流电池是一种将能量通过离子在电解质中的流动来储存和释放的电池，具有高度的可扩展性、长周期寿命、高效能量密度和可充电性等优点。

2.10.1 实验目的

(1) 了解并掌握液流电池的工作原理和组成。
(2) 学习如何组装和测试液流电池。
(3) 测量并分析电池性能，包括充放电曲线、能量密度和循环稳定性。

2.10.2 实验装置

液流电池实验回路如图 2.10.1 所示，包括全钒液流电池组件(电池堆、电极、电解液、电解液罐等)，电源和负载设备(如电子负载、充电器等)，测量和数据记录设备(如电压表、电流表、数据采集器等)，实验室安全设备(如防护眼镜、手套、实验服等)。

图 2.10.1　液流电池实验回路简图

2.10.3 实验原理

液流电池是一种新型、高效的电化学储能装置。由结构简图 2.10.2 可以看出，电解质溶液(储能介质)存储在电池外部的电解液储罐中，电池内部正、负极由离子交换膜分隔成彼此相互独立的两室(正极侧与负极侧)，电池工作时正、负极电解液由各自的送液泵强制通过各自反应室循环流动，参与电化学反应。充电时，电池外接电源，将电能转化为化学能，储存在电解质溶液中；放电时，电池外接负载，将储存在电解质溶液中的化学能转化为电能，供负载使用。

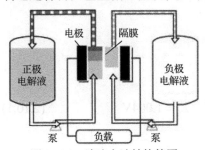

图 2.10.2　液流电池结构简图

氧化还原液流电池是一种正在积极研制开发的新型大容量电化学储能装置，它不同于通常使用固体材料电极或气体电极的电池，其活性物质是流动的电解质溶液。它最显著的特点是规模化蓄电，在广泛利用可再生能源的呼声高涨形势下，可以预见，液流电池将迎来一个快速发展的时期。目前，尚不具备液流电池普遍应用的条件，许多问题尚需进行深入研究。循环伏安测试表明：石墨毡具有良好的导电性、机械均一性、电化学活性、耐酸且耐强氧化性，是一种较好的电极材料，与石墨棒和各种粉体材料相比，更适合用于液流电池的研究和应用。

1. 液流电池的结构

液流电池的组成元件有以下几种。
1) 电解质储存系统
电解液：通常为硫酸钒溶液，储存在两个分开的储罐中，分别包含正极和负极的活性物质。

储罐：分别存储氧化态和还原态硫酸钒的两个容器。

2) 电池反应堆(电池堆)

膜(分隔膜或离子交换膜)：在电池反应堆中，膜的作用是允许离子(通常是 H⁺或 Cl⁻)传递，同时防止电解液中的活性物质在正负极间直接混合。

电极：作为反应表面，促进电池的电化学反应。常见的材料有石墨或金属涂层的复合材料。

双极板(或收集板)：位于电极两侧，起到导电和将电解液均匀分布到电极表面的作用。

3) 循环系统

泵：用于抽取储罐中的电解液并将其循环通过电池反应堆。

管路：连接储罐、泵和电池反应堆，形成闭合循环系统，输送电解质。

4) 控制系统

传感器和监控设备：用于监控电池操作的各个参数，如电压、电流、温度和电解液流动状态。

控制单元：微处理器或计算机系统，根据传感器信息调整泵速和其他操作参数，以优化电池性能。

5) 电气连接

端子：将反应堆的电极连接到外部电路，用于充电和放电。

电缆和连接器：确保电能自电池堆高效传递至或负载或电源。

全钒液流电池的这些组件共同工作，通过化学反应在两种不同价态的钒离子间传递电子，实现电能的存储和释放。由于其活性物质均为钒离子，所以它具有较好的化学稳定性和较长的循环寿命，适合大规模能量存储。

2. 液流电池充放电过程

全钒液流电池的电极反应如下。

正极反应：

$$VO^{2+} + H_2O - e^- \rightleftharpoons VO_2^+ + 2H^+, \quad E_0 = 1.004V \qquad (2.10.1)$$

负极反应：

$$V^{3+} + e^- + H^+ \rightleftharpoons V^{2+}, \quad V^{2+} - e^- \rightleftharpoons V^{3+} + H^+, \quad E_0 = -0.255V \qquad (2.10.2)$$

总反应：

$$VO^{2+} + V^{3+} + H_2O \rightleftharpoons VO_2^+ + V^{2+} + 2H^+, \quad E_0 = 1.259V \qquad (2.10.3)$$

(1) 充电过程中，正极电解液中的四价钒离子氧化成五价钒离子，并失去一个电子，产生两个氢离子；负极电解液中三价钒离子得到一个电子还原为二价的钒离子，并消耗一个氢离子。

(2) 放电过程中，正极电解液中的五价钒离子得到一个电子还原为四价钒离子，同时消耗两个氢离子；负极电解液中二价钒离子失去一个电子，氧化为三价钒离子，同时产生一个氢离子。

由以上过程可以看出，电池在充电过程中，氢离子从正极向负极迁移，放电过程则相反；电池内部的电化学反应在内部表现为氢离子的迁移，则在外电路中产生电流。

3. 液流电池的应用

液流电池广泛用于各种应用领域，包括但不限于以下几方面。

1) 可再生能源存储

太阳能和风能存储：解决可再生能源(如太阳能和风能)的间歇性问题，使其在没有阳光或风的时候也能供电。

平滑能源输出：减少可再生能源发电的波动性，提高电网的稳定性。

2) 电网支持与管理

峰谷电价套利：在电力需求低(电价低)时充电，在需求高(电价高)时放电，帮助电力公司经济地平衡供需。

频率调节和辅助服务：提供即时的功率调整，帮助维持电网频率稳定，支持电网的可靠运行。

3) 应急备用电源

应对停电事件：作为一个稳定的电源，在自然灾害或其他突发情况导致的电网中断时提供关键的备用电力。

4) 商业和工业用电优化

需求侧管理：帮助大型商业和工业用户减少在高峰时段购买电力的需求，从而降低电费。

5) 微电网和离网应用

远离电网的地区供电：为偏远地区或岛屿等缺乏可靠电网连接的地区提供稳定和可持续的电力供应。

6) 电动车充电站

电动车快速充电站：提供大量的即时电力，支持电动车快速充电，尤其在电网容量有限的情况下。

全钒液流电池的这些应用场景突出了它们在能量存储方面的灵活性和高效性，尤其适合需要大容量、长寿命和高安全性储能解决方案的领域。随着技术的进步和成本的降低，预计这些应用场景会进一步扩大。

2.10.4　实验方法及步骤

1. 充电实验步骤

(1) 准备工作：穿戴好实验安全设备，包括护目镜和实验室手套，并确保实验室环境安全整洁。

(2) 连接电路：将充电器正确连接到液流电池的正负极上，确保连接电极正确，并且连接牢固。

(3) 设置充电参数：设置合适的充电器电流和电压参数。

(4) 开始充电：启动充电器，开始给液流电池充电，监测充电过程中电池的电压变化，并记录数据。

(5) 充电结束：当电池达到预定的充电状态或充电时间到达时，停止充电，断开充电器和电池之间的连接。

(6) 安全处理：将实验中使用的设备和材料妥善处理，清洁实验器材和仪器，确保实验室环境的安全和整洁。

2. 放电实验步骤

(1) 准备工作：穿戴好实验安全设备，包括护目镜和实验室手套，并确保实验室环境安全整洁。

(2) 连接电路：将负载正确连接到液流电池的正负极上，确保连接牢固。

(3) 设置放电负载：设置合适的放电负载，可以是电阻器或其他负载。

(4) 开始放电：启动放电负载，液流电池开始(对负载)放电，监测放电过程中电池的电压变化，并记录数据。

(5) 放电结束：当电池的电压下降到预定的放电结束电压或电池已完全放电时，停止放电，断开电路连接。

(6) 连接电池测试系统进行单电池充放电测试，通过计算出充放电的库仑效率(C_E)、电压效率(V_E)和能量效率(E_E)来衡量电池性能，计算公式如下：

$$C_E = \frac{C_{discharge}}{C_{charge}} \times 100\% \tag{2.10.4}$$

$$V_E = \frac{V_{discharge}}{V_{charge}} \times 100\% \tag{2.10.5}$$

$$E_E = C_E V_E \tag{2.10.6}$$

(7) 安全处理：将实验中使用的设备和材料妥善处理，清洁实验器材和仪器，确保实验室环境的安全和整洁。

2.10.5　实验报告

(1) 报告内容包括实验目的、实验原理和实验装置。

(2) 依据不同实验内容，撰写如下相关实验报告。

① 实验目的、实验原理和实验装置。

② 实验数据，整理实验过程中获得的数据，包括充电和放电过程中电池的电压变化、充电时间、放电时间等数据。

③ 实验结果分析，研究充放电过程中电池的行为和性能特点，形成电压变化曲线、计算充放电效率等。

④ 实验结论，结合实验目的，总结实验结果是否达到预期效果，并对实验中观察到的现象和结果进行解释和说明。

⑤ 实验总结，总结实验的过程和体会，包括实验中遇到的问题和解决方法，以及对实验内容的理解和收获。

⑥ 电池容量测试实验。

⑦ 电池循环寿命测试实验。

⑧ 内阻测试实验。

⑨ 短路测试实验。

⑩ 过充放电测试实验。

2.10.6 实验注意事项

(1) 所有实验人员都应穿戴适当的安全装备,包括护目镜和实验室手套,以保护眼睛和皮肤免受电池和实验过程中可能产生的化学物质的伤害。

(2) 确保充电器和负载的电压和电流参数设置正确,并严格按照操作规程进行连接和操作,以避免电击或设备损坏。

(3) 在进行实验时,确保实验室有良好的通风条件,以排除充放电过程中可能产生的气体和蒸汽,减少对实验人员的健康影响。

(4) 在充放电过程中,要定期监测电池和设备的温度变化,以确保在安全范围内操作,并及时采取措施防止过热现象发生。

(5) 确保充放电实验的时间安排合理,不要让实验持续时间过长,以避免设备过热或电池过度放电等问题。

(6) 在实验结束后,要正确处理实验产生的废弃物和化学物品,包括电池、化学试剂等,按照实验室规定进行分类和处理。

2.11 电解水制氢及储能实验

电解水制氢及储能实验是一个涉及化学、物理和能源领域的综合性实验。其主要目的是通过电解水的过程产生氢气,并将这一过程中产生的电能转化为化学能进行储存,从而实现清洁、高效的能源转换和储存。

2.11.1 实验目的

(1) 建立电解水制氢工艺电压与制氢速率的关系。

(2) 测定实验台储能功率和储能容量。

(3) 增加电解水储能工艺研究方面的认识。

2.11.2 实验装置

(1) 水电解制氢储能实验装置的主要设备有可调电源、水电解槽、氢(氧)气液分离器、氢(氧)气洗涤器、储氢罐等。

(2) 水电解制氢储能实验装置的主要仪器仪表有气体流量测试仪,气压测试仪,水质检测仪,压力、温度传感器,电压、电功率测试仪等。

(3) 装置中采用高精度质量流量计测定氢气流量,压力变送器测定进气压力,电功率测试模块采集电压、电功率,各项数据均可通过采集系统实时采集到上位机,并可通过工控机设定电压和电流。

(4) 实验材料和设备:电解槽(或一个透明的塑料杯或玻璃瓶)、低压直流电源、导线、氢氧化钠(作为电解质,非必需,但可以增加水的导电性)、水、石墨棒电极、注射器或透明塑料管(用于收集气体)、橡胶塞或胶带(固定电极和封闭容器)，如图 2.11.1 所示。

2.11.3　实验原理

(1) 在直流电作用下，在阴极水分子被分解为氢离子和氢氧根离子，氢离子得到电子生成氢原子，并进一步生成氢分子，如图 2.11.2 所示。

图 2.11.1　氢气发生器

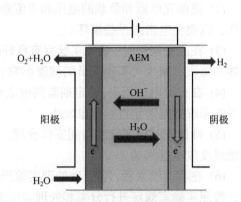

图 2.11.2　电解水原理图

(2) 氢氧根则在阴极、阳极之间的电场力作用下穿过多孔的隔膜，到达阳极，在阳极失去电子生成水分子和氧分子。

(3) 电解水制氢的化学式：$2H_2O(L) \rightleftharpoons 2H_2(G) + O_2(G)$。

(4) 氢氧化钠在其中的作用：增强导电性，因为纯水是弱电解质，导电性不好，氢氧化钠是强电解质，增加导电性。

(5) 电解出的气体会带有碱雾，因此，对产出的气体要进行脱碱雾处理。

氢气作为能源载体和储能方式，可以配合可再生能源形成低碳能源体系，是工业深度脱碳与新能源深度脱网的结合。氢气可由可再生能源制备，可再生能源发电，再电解水制氢，从源头上杜绝了碳排放。此外，通过电解水制氢储能，可以将可再生能源规模化引入能源体系，同时解决了可再生能源消纳问题，避免弃风、弃光、弃水现象，最终构筑以可再生能源为主体的新型电力系统。

2.11.4　实验方法及步骤

(1) 准备电解槽：在电解槽中加入足够量的水，如果需要增加水的导电性，可以溶解少量的氢氧化钠。

(2) 安装电极：将两根石墨棒(或其他电极材料)通过导线连接到电源的正负极，确保电极牢固地固定在电解槽两侧，并且电极下端浸入水中。

(3) 设置收集装置：使用胶带或橡胶塞在电极上方固定注射器或透明塑料管，以便于收集产生的气体。注意，应单独设置两个收集装置分别收集氢气和氧气。

(4) 进行电解：打开电源，开始电解过程。观察电极附近产生的气泡。通常，电极的负极(阴极)产生的氢气比正极(阳极)产生的氧气多，比例约为 2:1。

(5) 收集气体：随着电解进行，气体气泡会上升并进入收集装置。继续电解直到收集到足够量的气体或达到实验目的为止。

(6) 实验结束：关闭电源，拆卸实验设备。可以通过点燃收集到的气体来测试其是否为氢气(氢气燃烧时会产生淡蓝色的火焰且几乎无声)。

2.11.5　实验报告

(1) 报告内容包括实验目的、实验原理和实验装置。

(2) 依据不同实验内容，撰写如下相关实验报告。

① 分别计算单位制氢量所消耗的电能，比较不同水温、不同 pH、不同电流、不同电压工况下，对应电解水的效率和速率。

② 绘制制氢效率与水温、pH、电压、电流的关系曲线并拟合计算关系式。

2.11.6　实验注意事项

(1) 严格检查氢气、氧气储罐，防止氢气泄漏。

(2) 实验水温工况应从低温至高温，实验段水温最高不得超过 80℃。

(3) 水温加热、顶流递增应缓慢进行，防止氢气大量溢出，导致系统压力增长过快。

(4) 实验室场地内装氢气检测报警器，防止氢气泄漏，报警器发生报警后，应停止实验，并开窗通风。

第 3 章　机械储能实验

3.1　抽水蓄能性能及运行实验

抽水蓄能性能及运行实验是对抽水蓄能电站的功能、效率和稳定性等性能进行深入研究和评估的实验。抽水蓄能电站是利用水的势能进行电能储存和释放的设施。它通常在电力需求低谷时，通过电力将水从低处的下水库抽到高处的上水库，从而将电能转化为水的势能储存起来；在电力需求高峰时，释放上水库中的水，水轮机发电将水的势能转化为电能，以满足电网的需求。

3.1.1　实验目的

(1) 理解抽水蓄能电站的能量转换原理及其在电力系统中的重要作用。

(2) 掌握抽水蓄能电站的性能评估方法和实验运行步骤。

(3) 学习通过分析实验数据提升抽水蓄能电站的运行效率和经济性。

3.1.2　实验装置

本实验装置用于模拟和测试抽水蓄能电站的运行特性和性能。实验装置如图 3.1.1 所示。该装置主要由以下部分组成。

抽水蓄能
储能实验
系统

图 3.1.1　抽水蓄能实验台

(1) 压力储水罐(上水库)和下游水箱(下水库)：这两个大型储水容器分别代表抽水蓄能电站的高位水库和低位水库。上水库模拟电站在电力需求低谷期间储存水的功能，下水库提供水源，模拟电站在电力需求高峰期间释放能量的场景。

(2) 离心泵：包括一个或多个工业级水泵及其配套电机，用于模拟抽水阶段，将水从下水库抽送至上水库。该系统能够根据实验需求调节抽水流量和功率，以模拟不同的抽水条件和电站运行状态。

(3) 水轮发电机：包括水轮机和与其相连的发电机，以及相应的控制系统。当水流从上水库释放时，水轮机转动并驱动发电机发电，模拟电站在电力需求高峰期间的能量释放过程。

(4) 控制系统：该系统使用可编程逻辑控制器(programmable logic controller，PLC)和操作界面，控制水泵和水轮机的启动、停止和速度调节。控制系统能够根据预设的实验参数和实时反馈数据，自动或手动调整电站的运行状态。

(5) 测量和数据采集系统：由各种传感器、数据采集卡和计算机软件组成，用于实时监测和记录水泵和水轮机的运行参数，如流量、压力、速度和功率等。该系统能够将采集到的数据实时传输至上位机，供后续分析和评估使用。

(6) 管道和阀门系统：包括主管道、分支管道、控制阀门和流量计等，连接上水库和下水库，用于输送水流。该系统确保实验装置中水流的精确控制和测量。

(7) 能量管理与分析软件：该软件用于计算和分析实验数据，如能量转换效率、响应时间等关键性能指标。它可以模拟不同的运行条件和策略，帮助优化电站的性能和运行效率。

(8) 安全系统：包括紧急停止按钮、过载保护、泄漏检测等安全措施，确保实验过程中的人员和设备安全。

(9) 辅助设备：包括电源、冷却系统、润滑系统等，保障实验装置的正常运行和维护。

通过这套实验装置，研究人员和学生能够在实验室环境中模拟抽水蓄能电站的运行过程，评估其性能，并进行必要的优化研究。实验装置的设计旨在模拟真实世界的抽水蓄能电站，为有效的研究和教学活动提供支持。

3.1.3 实验原理

抽水蓄能性能及运行实验基于能量守恒和转换的概念，模拟抽水蓄能电站在电力系统中的能量转换过程。其原理如图 3.1.2 所示。

能量转换原理：在电力需求低的时候，利用多余的电能通过水泵将水从下水库抽至上水库，储存能量。在电力需求高的时候，释放上水库中的水，通过水轮机驱动发电机发电，释放能量。

能量储存公式如下。

抽水阶段，电能转换为势能：

$$E_{电} = P_{电}t \tag{3.1.1}$$

式中，$E_{电}$ 是储存的电能；$P_{电}$ 是水泵的电功率；t 是抽水时间。

发电阶段，势能转换为电能：

$$E_{机械} = mgh \tag{3.1.2}$$

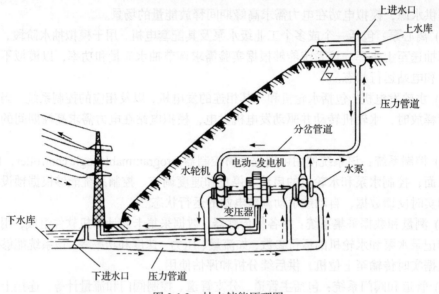

图 3.1.2　抽水储能原理图

式中，$E_{机械}$ 是水的势能；m 是水的质量；g 是重力加速度；h 是水位差(上水库与下水库的高度差)。

抽水蓄能电站的整体效率是输出电能与输入电能之比：

$$\eta = \frac{E_{输出}}{E_{输入}} \times 100\% \qquad (3.1.3)$$

式中，$E_{输出}$ 是通过水轮发电机输出的电能；$E_{输入}$ 是抽水阶段消耗的电能。

水轮机效率是指水轮机输出的机械功率与水流功率之比：

$$\eta_{水轮机} = \frac{P_{机械}}{P_{水}} \times 100\% \qquad (3.1.4)$$

式中，$P_{机械}$ 是水轮机输出的机械功率；$P_{水}$ 是水流的功率。

水泵效率是指水泵输出的水流功率与水泵的电功率之比：

$$\eta_{水泵} = \frac{P_{水}}{P_{电}} \times 100\% \qquad (3.1.5)$$

式中，$P_{水}$ 是水泵输出的水流功率；$P_{电}$ 是水泵的电功率。

通过这些原理和公式，抽水蓄能性能及运行实验可以评估抽水蓄能电站的性能，包括能量转换效率、水轮机和水泵的效率等关键指标。这些指标对于优化抽水蓄能电站的设计和运行策略至关重要。

3.1.4　实验方法及步骤

(1) 实验准备：确保所有实验设备和仪器完好无损，包括上水库、下水库、水泵、水轮发电机、控制系统、测量和数据采集系统等。检查安全系统是否完备，包括紧急停止按钮、过载保护、泄漏检测等。根据实验目的和要求，设置控制系统的初始参数，如水泵抽水速度、水轮机启动条件等。

(2) 系统启动与调试：启动控制系统，按照预定的参数逐步开启水泵，将水从下水库抽至上水库。监测水泵的运行状态，确保其稳定运行并达到预期的流量和压力。调整水泵的运行参数，以模拟不同的抽水条件和负荷变化。

(3) 抽水阶段：记录水泵的耗电量、水流速度、水位变化等关键数据。使用数据采集系统实时监测和记录水泵的运行参数，确保数据的准确性和完整性。

(4) 发电阶段：释放上水库中的水，通过水轮机驱动发电机发电。监测并记录水轮机的输出功率、水流速度、水位变化等数据。使用数据采集系统实时监测和记录水轮发电机的运行参数。

(5) 数据分析与评估：分析实验数据，计算抽水蓄能电站的能量转换效率、水泵和水轮机的效率等关键性能指标。对比实验结果与理论预期，识别可能的问题和改进空间。

(6) 实验总结与报告：完成所有预定的实验步骤后，对整个实验过程进行总结。撰写实验报告，包括实验目的、实验步骤、实验结果、实验分析和实验建议。

(7) 安全检查与维护：实验结束后，关闭所有设备，并进行必要的安全检查。对实验装置进行维护和保养，确保其长期稳定运行。

3.1.5　实验报告

(1) 报告内容包括实验目的、实验原理和实验装置。

(2) 依据不同实验内容，撰写如下相关实验报告。

① 记录实验数据，计算抽水阶段耗电量、发电阶段输出功率、能量转换效率、水泵效率、水轮机效率。

② 将实验结果与理论值进行比较，分析可能的误差来源。

3.1.6　实验注意事项

(1) 安全操作：严格遵守实验安全规程，确保实验过程中人员和设备的安全。

(2) 设备维护：定期对水轮发电机和离心泵进行维护检查，确保设备良好运行。

(3) 数据准确性：确保数据采集和处理的准确性，避免因操作不当导致数据失真。

(4) 实验结束后，应正确关闭所有设备。

3.2　压缩空气储能实验

压缩空气储能是指利用电网低谷期的电能来压缩空气，并在高压下密封存储，空气通常存储在废旧的矿井、岩洞、废弃的油井或者人造的储气罐中。在需要电力的时候，这些压缩的空气被释放并推动涡轮发电，以此来提供能量。

3.2.1　实验目的

(1) 验证压缩空气储能发电系统的实际发电能力和系统运行的稳定性。

(2) 实验室条件下掌握压缩空气储能的原理。

(3) 了解实验台的功能及各个设备的性能参数和特性。

(4) 通过实验，探究不同压力情况下输出端电压与存储能量之间的关系。

3.2.2　实验装置

本实验台主要由活塞式空压机、涡街流量计、电控减压阀、管间加热器、涡轮发电机、电子负载等组成，如图 3.2.1 所示。

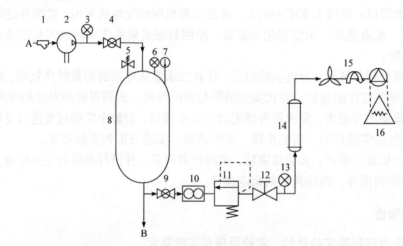

压缩空气
储能实验
系统

图 3.2.1　实验流程图

A-进气口；B-排水口。1-过滤器；2-活塞式空压机；3-压力表；4-手动球阀；5-安全阀；
6-压力传感器；7-温度传感器；8-储气罐；9-手动球阀；10-涡街流量计；11-电控减压阀；
12-手动微调阀；13-压力传感器；14-管间加热器；15-涡轮发电机机构；16-电子负载

3.2.3　实验原理

压缩空气储能利用了空气的可压缩性原理。在用电低谷时段，电能将空气压缩至高压并存储于洞穴或压力容器中，这使电能转化为空气的压力势能并存储起来；在用电高峰时段，高压空气从储气室释放，经燃烧室升温后，进入膨胀机中，驱动发电机发电。

对整个系统进行热力学分析，根据热力学第一定律，热量可以从一个物体传递到另一个物体，也可以与其他形式的能量相互转化，在传递过程中，能量的总量保持不变。

$$\Delta E = \Delta Q - \Delta W \tag{3.2.1}$$

式中，ΔE 为系统总能量的变化；ΔQ 为系统从外界吸收热量与释放热量之差；ΔW 为系统向外界做功与外界向系统做功之差。

空压机压缩气体后，空气体积减小，压气机所做的功为体积功，表达式为

$$W = P\Delta V \tag{3.2.2}$$

式中，W 为空压机做功，J；P 为空压机压缩气体压强，Pa；ΔV 为体积变化量，m³。

空气被认为是理想气体，压缩前后的气体也应满足理想气体的状态方程：

$$PV = nR_g T \tag{3.2.3}$$

式中，P 为空气压强，Pa；V 为空气体积，m³；n 为气体物质的量，mol；R_g 为摩尔气体常数，J/(mol·K)；T 为热力学温度，K。

空气经过压缩再膨胀，会存在内能与机械摩擦等能量的损耗，储能系统整体效率 η 的计算公式：

$$\eta = \frac{E_{放}}{E_{耗}} \times 100\% \tag{3.2.4}$$

式中，η 为储能系统的整体效率；$E_{耗}$ 为空压机消耗的电能，$kW \cdot h$；$E_{放}$ 为负载两端所得到的电能，$kW \cdot h$。

3.2.4　实验方法和步骤

(1) 线缆连接：连接方式如图 3.2.2 所示。实验台及电控箱使用 220 V 电源供电，供电线缆为 220 V 电源供电线缆，位于实验台电控箱左侧。将 220 V 电源供电线缆接入现场带电 220 V 电控箱上即可完成设备的供电线缆连接。

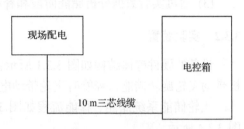

图 3.2.2　连接方式

(2) 实验台上电：220 V 电源供电线缆连接好后，确认电控箱急停开关保持在释放状态，将电控箱内空气开关置为 ON，实验台上电。

3.2.5　实验报告

(1) 报告内容包括实验目的、实验原理和实验装置。
(2) 依据不同实验内容，撰写如下相关实验报告。
① 压缩空气储能实验储气阶段效率计算。
② 发电机放电效率计算。

3.2.6　实验注意事项

(1) 实验开始前，检查设备/软件默认状态是否正确，检查软件界面温度设置是否错误，检查三通阀是否置于正确位置。
(2) 储热实验过程中，如加热器反馈温度过高失控，请立即按下加热器停止按钮，并保持风机运行。
(3) 发生任何紧急情况，都可按下电控箱急停开关，断开设备电源。检查确认后，如果是人为操作导致的异常，确认设备状态恢复正常后，顺时针旋转急停开关复位。

3.3　飞轮储能实验

飞轮储能是利用改变物体的惯性需要做功这一原理来实现能量的输入(储能)或输出(释能)的。飞轮指绕着其对称轴旋转的圆轮、圆盘或圆柱刚体。刚体绕定轴转动，刚体上各点都绕同一直线(定轴)做圆周运动，而轴本身在空间的位置不变，利用外部能源(如电网)将飞轮加速旋转，将电能储存为飞轮的旋转动能。当需要释放储能时，飞轮通过连接的发电机将旋转动能转换为电能，供应到电力系统或其他用电设备中。

飞轮储能是一种大功率、快响应、高频次、长寿命的机械类储能技术，适用于交通 (轨道交通、汽车)、应急电源、电网质量管理(调频)等领域。飞轮储能是一项集成性技术，高速化、复合材料转子、内定外转结构是其未来发展方向。

3.3.1 实验目的

(1) 理解飞轮储能能量转换原理及其在电力系统中的重要作用。

(2) 掌握飞轮储能系统的性能评估方法和实验具体步骤。

(3) 通过实验数据分析储能阶段和释能阶段的能量转换效率。

3.3.2 实验装置

设备的硬件整体结构如图 3.3.1 所示：设备的主体部分为飞轮和电动机，储能时电动机带动飞轮旋转储能，释能时飞轮带动电动机发电，电动机和飞轮通过联轴器连接。

飞轮储能系统储能、释能流程如图 3.3.2、图 3.3.3 所示，飞轮储能系统的主界面如图 3.3.4 所示。

飞轮储能
实验系统

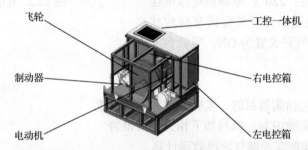

图 3.3.1 三维结构示意图

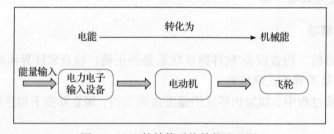

图 3.3.2 飞轮储能系统储能流程图

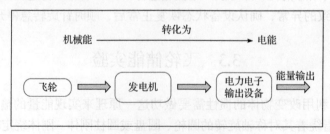

图 3.3.3 飞轮储能系统释能流程图

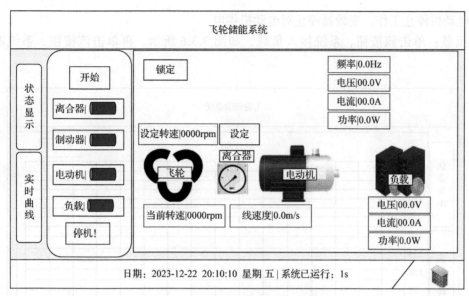

图 3.3.4　飞轮储能系统的主界面

1. 开机系统

在通电之前，确保设备已经正确安装，并且处于稳定的工作环境中。

本系统使用三相交流电源，检查确保电源线路正常连接，电源线无破损，并确保插头与插座连接良好。

依次打开设备右上部的电源开关，使设备通电。此时设备面板上的带电指示灯、触摸屏、设备内各控制器、模块等应正常亮起。

观察设备的运行状态，确保设备正常工作，并留意是否有异常声音、异味或异常发热等情况。

在使用过程中，不要随意拆卸或更改设备的电源线、插头或其他电气部件。

2. 人机界面

状态显示：单击该按钮，返回到主界面，如图 3.3.4 所示。

实时曲线：单击该按钮，跳转到转速曲线界面，如图 3.3.5 所示。

开始：单击该按钮，即可开始运行。

停机：单击该按钮，自动关闭系统设备，转速为 0，且不可设置转速，设备按钮无法操作。

设定：在左侧输入框中输入转速，单击"设定"按钮即可设置飞轮正常运行时所到达的转速。

离合器：单击该按钮，外部设备离合器开始工作，连接飞轮盘与电动机之间的连接，再单击该按钮，离合器停止工作，断开飞轮盘与电动机之间的连接。

制动器：单击该按钮，外部设备制动器闭合并开始工作，如果飞轮在工作中，其将逐渐减速直至停下，再次单击该按钮，制动器断开并停止工作。

电动机：单击该按钮，外部设备电动机开始工作，变频器对电动机供电，再单击该按钮，电动机停止工作，变频器停止对电动机供电。

负载：单击该按钮，系统接入负载，如图 3.3.6 所示。再单击该按钮，系统断开负载。

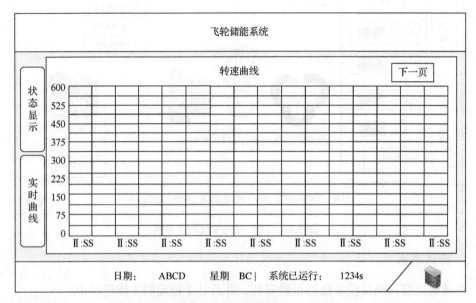

图 3.3.5　转速曲线界面

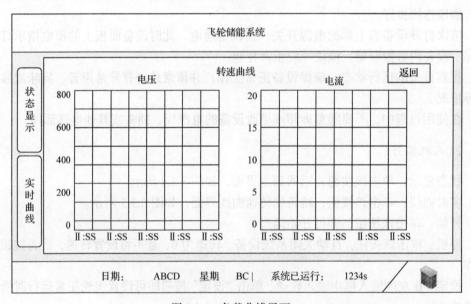

图 3.3.6　负载曲线界面

3. 飞轮盘

飞轮是飞轮储能系统的核心组件，通常是一个旋转的金属盘或圆柱体，其作用是储存和释放机械能。飞轮的质量、形状和材料的选择对系统性能有重要影响。

本系统采用高强度钢作为飞轮转子的材料，重 70 kg，半径为 300 mm，厚为 30 mm，采用常用的圆盘形设计。这种设计通常包括一个平坦或稍微凸起的圆形盘面，使得飞轮在旋转时更为稳定。圆盘形转子的设计简单，易于制造。

4. 制动器

飞轮储能系统中的制动器是一种用于控制飞轮速度的装置。制动器的主要作用是在需要时通过吸收或消耗飞轮的旋转能量，减缓或停止飞轮的旋转。这是为了确保系统在运行过程中保持在安全范围内或在需要时从飞轮中提取储存的能量。

本系统采用电磁式制动器，利用电磁感应原理来实现制动效果。当制动器通电时，它会产生磁场，使得制动器吸合，从而实现机械制动；反之，当制动器断电时，制动器断开，中断机械传动。在飞轮储能系统中，电磁式制动器通过产生电磁场来对飞轮进行制动，将飞轮的旋转能量转化为电能，实现对飞轮的控制和制动，具有可控制性强、高效能转换等优点。

5. 离合器

在飞轮储能系统中，离合器是一种关键的机械元件，用于连接或断开飞轮与其他旋转部件(如电机/发电机)之间的连接。离合器的存在使得系统能够在需要时将飞轮与其他部件分离，以实现不同的操作模式，如加速、减速、停止、发电或储能。

本系统采用电磁式离合器设计，电磁式离合器是一种通过电磁作用传递或断开机械传动的装置，通常由电磁铁(线圈)和与之相连的离合器(机械传动装置)两部分组成。当电磁铁通电时，它会产生磁场，使得离合器连接，从而实现机械传动；反之，当电磁铁断电时，离合器分离，中断机械传动。具有灵活控制、快速响应等优点的电磁式离合器广泛运用于工业设备中。

3.3.3　实验原理

飞轮储能系统从外界输入能量后，电动机将在电力电子输入设备的驱动下带动飞轮高速旋转，这一过程相当于给飞轮储能系统充电，当飞轮转子达到一定工作转速时，电力电子输入设备停止驱动电动机，系统完成充电；当外界需要能量输出时，高速旋转的飞轮转子降低转速，通过发电机的发电功能将旋转动能转化成电能释放，通过给负载提供能量，完成系统的放电过程。

系统存储能量计算如下：

$$E = \frac{1}{2}J\omega^2 \tag{3.3.1}$$

式中，E 为飞轮存储的能量，J；J 为飞轮的转动惯量，$kg \cdot m^2$；ω 为飞轮旋转的角速度，rad/s。

其中，转动惯量计算公式如下：

$$J = kmr^2 \tag{3.3.2}$$

式中，m 为飞轮质量，kg；r 为旋转半径，m；k 为系数(飞轮质量分布均匀时取 0.5，质量完全集中在边缘时取 1)。

3.3.4　实验方法及步骤

1. 飞轮储能效率实验

1) 实验前准备

(1) 系统电气检查：在进行实验之前，确保飞轮储能系统已正常上电，无告警信息。

(2) 系统机械部件检查：检查飞轮储能系统的机械部件，包括轴承、传动系统等，确保没有异常声响、磨损或摩擦。

(3) 系统初始化：将飞轮储能系统初始化到基准状态，确保系统处于稳定的初始状态(设备按钮处于关闭状态，设定转速为0)。

2) 操作步骤

(1) 将飞轮转速设定为450 r/min，单击"设定"按钮。

(2) 依次单击"离合器"按钮、"电动机"按钮，使外部设备正常工作。

(3) 单击"开始"按钮，飞轮盘缓慢旋转直至设定转速，此时进入储能阶段。

(4) 在面板三相功能表中记录储能阶段输入系统的功率。

(5) 当飞轮稳定在设定转速后，单击"电动机"按钮使电动机外部供电断开，再单击"负载"按钮，此时系统负载接入。

(6) 将能量输出接入负载一，进入释能阶段。

(7) 在面板直流功能表中记录释能阶段输出的功率。

2. 负荷平衡实验

1) 实验前准备

(1) 系统电气检查：在进行实验之前，确保飞轮储能系统已正常上电，无告警信息。

(2) 系统机械部件检查：检查飞轮储能系统的机械部件，包括轴承、传动系统等，确保没有异常声响、磨损或摩擦。

(3) 系统初始化：将飞轮储能系统初始化到基准状态，确保系统处于稳定的初始状态(设备按钮处于关闭状态，设定转速为0)。

2) 操作步骤

(1) 将飞轮转速设定为450 r/min，单击"设定"按钮。

(2) 依次单击"离合器"按钮、"电动机"按钮，使外部设备正常工作。

(3) 单击"开始"按钮，飞轮盘缓慢旋转直至设定转速，此时进入储能阶段。

(4) 当飞轮稳定在设定转速后，记录储能时间，单击"电动机"按钮使电动机外部供电断开。

(5) 将能量输出接入负载一，记录各个参数数据。

(6) 将能量输出接入负载二，记录各个参数数据。

(7) 将能量输出接入负载三，记录各个参数数据。

(8) 将负载一、负载二串联并接入能量输出，记录各个参数数据。

(9) 将负载一、负载三串联并接入能量输出，记录各个参数数据。

(10) 将负载二、负载三串联并接入能量输出，记录各个参数数据。

3. 转速稳定性实验

1) 实验前准备

(1) 系统电气检查：在进行实验之前，确保飞轮储能系统已正常上电，无告警信息。

(2) 系统机械部件检查：检查飞轮储能系统的机械部件，包括轴承、传动系统等，确保没有异常声响、磨损或摩擦。

(3) 系统初始化：将飞轮储能系统初始化到基准状态，确保系统处于稳定的初始状态（设备按钮处于关闭状态，设定转速为 0）。

2) 操作步骤

(1) 将飞轮转速设定为 450 r/min，单击"设定"按钮。

(2) 依次单击"离合器"按钮、"电动机"按钮，使外部设备正常工作。

(3) 单击"开始"按钮，飞轮盘缓慢旋转直至设定转速，此时进入储能阶段。

(4) 当飞轮稳定在设定转速后，单击"电动机"按钮使电动机外部供电断开。

(5) 单击"负载"按钮，此时系统负载接入。

(6) 将能量输出接入负载一，记录当前的转速和输出功率。

(7) 10s 后，将能量输出接入负载二，记录当前的转速和输出功率。

(8) 10s 后，将能量输出接入负载三，记录当前的转速和输出功率。

4. 周期性充放电实验

1) 实验前准备

(1) 系统电气检查：在进行实验之前，确保飞轮储能系统已正常上电，无告警信息。

(2) 系统机械部件检查：检查飞轮储能系统的机械部件，包括轴承、传动系统等，确保没有异常声响、磨损或摩擦。

(3) 系统初始化：将飞轮储能系统初始化到基准状态，确保系统处于稳定的初始状态（设备按钮处于关闭状态，设定转速为 0）。

2) 操作步骤

(1) 将飞轮转速设定为 450 r/min，单击"设定"按钮。

(2) 依次单击"离合器"按钮、"电动机"按钮，使外部设备正常工作。

(3) 单击"开始"按钮，飞轮盘缓慢旋转直至设定转速，此时进入储能阶段。

(4) 当飞轮稳定在设定转速后，记录储能时间，单击"电动机"按钮使电动机外部供电断开。

(5) 单击"负载"按钮，此时系统负载接入。

(6) 将能量输出接入负载一，记录当前的转速和输出功率。

(7) 待飞轮停下，此时完成一个周期，并记录下释能时间。

(8) 初始化参数。

(9) 重复以上步骤数次后记录下输入功率、输出功率、储能效率、储能时间、释能时间参数数据。

5. 长时间运行实验

1) 实验前准备

(1) 系统电气检查：在进行实验之前，确保飞轮储能系统已正常上电，无告警信息。

(2) 系统机械部件检查：检查飞轮储能系统的机械部件，包括轴承、传动系统等，确保没有异常声响、磨损或摩擦。

(3) 系统初始化：将飞轮储能系统初始化到基准状态，确保系统处于稳定的初始状态(设备按钮处于关闭状态，设定转速为 0)。

2) 操作步骤

(1) 将飞轮转速设定为 450 r/min，单击"设定"按钮。

(2) 依次单击"离合器"按钮、"电动机"按钮，使外部设备正常工作。

(3) 单击"开始"按钮，飞轮盘缓慢旋转直至设定转速，此时进入储能阶段。

(4) 当飞轮稳定在设定转速后，记录储能时间，单击"电动机"按钮使电动机外部供电断开。

(5) 此时系统开始长时间运行。

(6) 定期记录系统性能数据，可以选择以小时、日或其他时间间隔记录一系列参数，以便后续分析。

(7) 定期检查系统的机械部件，确保系统运行正常，包括轴承磨损、传动系统润滑等。

6. 实际应用场景模拟实验

1) 实验前准备

(1) 系统电气检查：在进行实验之前，确保飞轮储能系统已正常上电，无告警信息。

(2) 系统机械部件检查：检查飞轮储能系统的机械部件，包括轴承、传动系统等，确保没有异常声响、磨损或摩擦。

(3) 系统初始化：将飞轮储能系统初始化到基准状态，确保系统处于稳定的初始状态(设备按钮处于关闭状态，设定转速为 0)。

2) 操作步骤

(1) 将飞轮转速设定为 450 r/min，单击"设定"按钮。

(2) 依次单击"离合器"按钮、"电动机"按钮，使外部设备正常工作。

(3) 单击"开始"按钮，飞轮盘缓慢旋转直至设定转速，此时进入储能阶段。

(4) 当飞轮稳定在设定转速后，记录储能时间，单击"电动机"按钮使电动机外部供电断开。

(5) 此时能量输出接入直流灯泡，灯泡开始亮。

(6) 插拔能量输出导线，模拟外部扰动，如电网波动或突发负载变化等。

(7) 记录以上参数性能数据。

3.3.5　实验报告

(1) 报告内容包括实验目的、实验原理和实验装置。

(2) 依据不同实验内容，撰写如下相关实验报告。

　　① 分别测定不同转速下的输入、输出功率，对充放电过程的储能效率进行计算和分析。

　　② 对实验数据综合分析，总结飞轮储能系统在负荷平衡实验中的整体性能。

　　③ 通过对实验数据的分析，评估系统在不同负载和工作条件下的转速稳定性。观察系统的响应时间、稳态速度差异和系统动态性能，为优化系统设计和控制提供有价值的信息。

　　④ 比较每个周期的性能参数，分析可能导致系统性能变化的原因。

　　⑤ 综合分析实验数据，总结飞轮储能系统在长时间运行实验中的整体性能。

　　⑥ 分析实时监测的数据，评估系统在模拟应用场景下的性能表现，包括能量转换效率、温度稳定性等。

　　⑦ 观察系统是否能够在模拟应用场景中保持稳定运行，是否存在渐近性能下降的趋势。

　　⑧ 分析系统在应对外部扰动时的响应速度和稳定性，是否能够快速适应变化的条件。

3.3.6　实验注意事项

　　(1) 在实验过程中，应注意安全，避免飞轮碰伤。

　　(2) 在实验过程中，确保飞轮储能系统处于稳定状态，防止不必要的能量损失。

　　(3) 根据实验需求和系统规模，选择适当的测量设备和数据采集频率。

　　(4) 在实验结束后，对系统进行维护和检查，确保其处于正常工作状态。

　　(5) 如遇紧急情况，及时按下急停按钮。

第 4 章 相变储能实验

4.1 相变材料储热性能测试实验

相变材料(phase change materials，PCM)储热性能是指相变材料在吸收热量进行相态转变的过程中，材料固有的热物性能属性，主要包括相变过程中相变材料潜热值和相变温度等热物性能参数。差示扫描量热法(differential scanning calorimetry，DSC)是一种热分析方法，可以获得相变材料的储热性能相关热力学和动力学参数，如相变材料的比热容、熔融潜热、凝固潜热、结晶度和相变温度等。在低于相变材料的分解温度范围内进行 DSC 测试，可以获得相变材料的热流-温度曲线，并对此曲线进行焓变积分计算可以获得相变材料的相变潜热值，对曲线切线与基线交点进行计算可获得相变材料的相变温度，从而分析相变材料的储热性能。

4.1.1 实验目的

(1) 测定相变材料包含相变潜热值和相变温度在内的热物性能参数。

(2) 获得相变材料的热流和温度之间的关系。

(3) 深化对相变材料储热性能的研究。

4.1.2 实验装置

实验所用的设备和仪器由 DSC 差示扫描量热仪、计算机、坩埚、惰性气体(氮气)和电子天平组成，实验装置系统如图 4.1.1 所示。

相变储热
实验系统

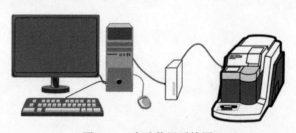

图 4.1.1 实验装置系统图

装置通过计算机设定温度程序，对 DSC 装置内的样品和参照基准物质进行等温的温度上升或下降，惰性气体可以保证样品在升温或降温过程中不会氧化，热流传感器测定样品和参照基准物的温度偏差变化，并通过 DSC 仪器内的放大器和信号转换器将数据储存在计算机的存储器中。

设备参数如下。

(1) 温度范围：-140～600℃。

(2) 测量方式：热流型。

(3) 样品量：40 μL(标准铝坩埚)。

(4) 升温/降温速率：±0.01～±100℃/min。

(5) 氛围气：空气、惰性气体、氧气或真空(通常用氮气)。

(6) 气路：3 路，吹扫、清洁和反应。

(7) 温度和热量校正：标准金属。

(8) 数据处理软件：可自动分析多个参数，如温度、时间、切点、峰面积、热量等。

4.1.3 实验原理

(1) DSC 仪器测试原理：热流型 DSC 差示扫描量热仪的内部构造如图 4.1.2 所示，加热器通电以后，实时检测均热块温度，同时按照规定的程序进行升温/降温。热量从均热块通过固定的热阻流入样品系统、基准物质系统，各样品系统温度(T_s)、基准物质系统温度(T_r)按照程序温度进行升降。此时，在升温/降温过程中，样品系统温度与基准物质系统温度会存在温度偏差，DSC 的单项热流方程如下：

$$\phi = \frac{T_s - T_r}{R_{th}} \tag{4.1.1}$$

式中，R_{th} 为传感器的热阻，单位为 K/(m·W)；ϕ 为热流，单位为 mW。升温/降温结束之后，T_s 和 T_r 的差异较大，因此热量从均热块进入样品系统，并迅速和基准物质系统中的热量达到平衡，根据这个过程可以绘制出热流与温度之间的关系曲线。典型的 DSC 曲线如图 4.1.3 所示。

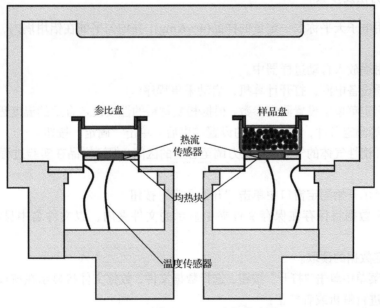

图 4.1.2 热流型 DSC 内部构造图

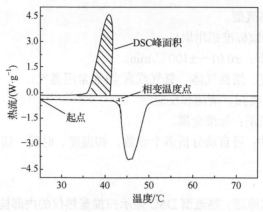

图 4.1.3　典型 DSC 曲线

(2) DSC 曲线的熔变计算及其步骤如下。

通过计算 DSC 峰面积 A，可以得到潜热值：

$$\Delta H = K \cdot A \tag{4.1.2}$$

式中，K 为量热系数，根据实验测定。根据理论计算，DSC 峰面积与样品发生相变所需要的潜热值保持一定比例 K，并且在恒压条件下，供给样品系统的热能等于样品发生相变所需要的潜热值。因此，在恒压条件下，DSC 峰面积的值等同于样品的潜热值。

(3) DSC 曲线基线计算相变温度。相变温度的定义是相变材料发生明显相变时的温度，相变温度点是指起点的延长线与 DSC 峰的最大倾斜角的切线交点所对应的温度。

4.1.4　实验方法及步骤

(1) 使用电子天平称取一定量的样品(4～6 mg)，并均匀平铺在铝坩埚内，利用卷边器将坩埚密封。

(2) 将坩埚放入自动进样器中。

(3) 接通设备电源，打开计算机，启动采集程序。

(4) 在测定菜单中设置测定参数，根据相变材料的性质设定合适的温度程序、样品名称、样品量等测定条件，测定条件的设置结束后，单击"确定"按钮。

(5) 打开惰性气体的气瓶，将压力调至合适的区间，保证样品在实验过程中为惰性气体的气氛。

(6) 在显示开始测定窗口中单击"开始测定"按钮。

(7) 测定数据将保存在保存文件夹中显示的文件夹内，以文件名中显示的文件名保存。

(8) 测定数据的读取。

在文件菜单中单击"打开"按钮，选择数据文件，数据文件将显示在窗口内，可以对其数据曲线进行解析或者校正：

① 温度/时间解析，求出信号值；

② 峰的温度/时间，求出信号值；

③ 求出 DSC 峰的高度；

④ 求出不同时间下纵坐标的信号差；

⑤ 求出切线交点；

⑥ 对 DSC 峰进行解析；

⑦ 求出潜热值。

4.1.5　实验报告

(1) 报告内容包括实验目的、实验原理和实验装置。

(2) 绘制得到样品的热流随温度变化的曲线。

(3) 测定得出相变材料的潜热值和相变温度，并分析相变材料的储热性能。

4.1.6　实验注意事项

(1) DSC 仪器应该定期利用标样进行温度校正和热流量校正。

(2) 根据样品的质量选择参比物的质量，两种物质的质量不宜相差太大。

(3) 提前了解测试相变材料的储热特性，设定合适的温度程序。

4.2　相变材料储热优化性实验

相变材料储热优化性实验主要聚焦于提升相变材料在储热过程中的性能，通过优化材料的物理和化学性质，实现更高效、更稳定的热能储存和释放。

4.2.1　实验目的

(1) 在实验室条件下通过实验掌握相变储能的原理，了解实验台的功能及各个设备的性能参数和特性。

(2) 调节相变材料换热形式，对比不同结构情况下，材料的相变储热性能优劣。

4.2.2　实验装置

本实验台主要由加热模组、流量计、冷却模组、采集模组、电控箱等组成，如图 4.2.1 所示。系统流程图如图 4.2.2 所示，与之对应的可视化窗口如图 4.2.3 所示。

4.2.3　实验原理

系统中的同一种物质在不同相之间的转变称为相变，相变过程中会吸收或放出大量的相变热(潜热)。利用物质在发生相变时吸收或放出大量热量的性质来实现储能，称为相变储能。相变储能材料在工作阶段吸收的热量分为相变前显热吸收、潜热吸收以及相变后显热吸收。因此，实验过程中的总热量可以通过进出口空气温度和流量计算出储/放热的热量，进而计算出储/放热的整体循环效率；通过储热箱内的温度和时间变化，可以计算出相变材料储/放热热量，以及材料的储/放热效率。

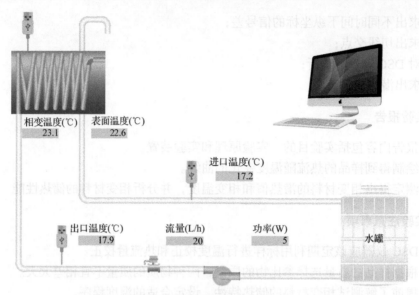

相变温度(℃)　　　表面温度(℃)
23.1　　　　　　　22.6

进口温度(℃)
17.2

出口温度(℃)　　　流量(L/h)　　　功率(W)
17.9　　　　　　　20　　　　　　5

水罐

图 4.2.1　操作界面软件示意图

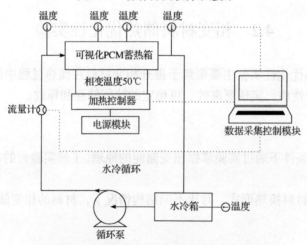

图 4.2.2　系统流程图

可视化储热
实验系统

图 4.2.3　可视化窗口

相变材料的储热分为三个阶段：A 相显热、A 相潜热、B 相显热，如图 4.2.4 所示。

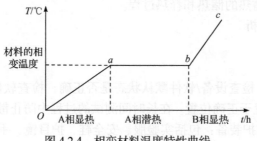

图 4.2.4　相变材料温度特性曲线

A 相显热储热计算公式为

$$Q_{固}=cm\Delta t \tag{4.2.1}$$

式中，$Q_{固}$ 为物体固态显热储热的热量，J；c 为物体的比热容，J/(kg·K)；m 为物体质量，kg；Δt 为固体起始温度差，K。

A 相潜热储热计算公式为

$$Q_{潜}=\rho V \Delta H \tag{4.2.2}$$

式中，$Q_{潜}$ 为物体相变储热的热量，J；ρV 为物体质量，kg；ΔH 为相变材料的相变焓。

B 相显热储热计算公式为

$$Q_{液}=cm\Delta t \tag{4.2.3}$$

式中，$Q_{液}$ 为物体液态显热储热的热量，J；Δt 为液体起始温度差，K。

4.2.4　实验方法及步骤

(1) 实验台通电，在实验开始前，检查确保配电箱与管路连接完好，卡套紧固，密封垫压紧且无错位，若有松动，及时紧固。220 V 供电线缆连接好后，打开电源开关，实验台上电，计算机自动上电启动，进入数据采集系统。

(2) 蓄热箱吸热，设定加热控制器温度为 50℃，打开加热按钮开始为整个蓄热箱加热，同时确认制冷按钮及水泵按钮处于关闭状态；1 h 后按下光源按钮开关打开光源，通过视窗观察相变蜡是否完全熔化，如果完全熔化，则相变蜡吸热过程结束，相变材料温度特性曲线如图 4.2.4 所示。

(3) 更换不同可视化相变材料，测试储热时间、充/放热效率。

4.2.5　实验报告

(1) 报告内容包括实验目的、实验原理和实验装置。

(2) 依据不同实验内容，撰写如下相关实验报告。

① 本实验旨在评估和优化相变材料在储热系统中的应用性能，探索提高储热效率的方法，并确定最佳的操作条件和材料选择。

② 相变材料在熔化或凝固过程中，能够在相变温度附近吸收或释放大量的潜热。这

一特性使得相变蓄热成为储热系统的理想选择。实验中，通过控制热流、温度和时间等参数，可以优化相变蓄热的储热和释热过程。

③ 实验结果与分析。

4.2.6　实验注意事项

(1) 实验开始前，检查设备/软件默认状态是否正确，检查软件界面温度设置是否正确，检查三通阀是否置于正确位置。在长时间测试的过程中防止散热遮挡与加热器干烧。

(2) 穿戴适当的防护装备：包括实验服、安全鞋、护目镜、手套等。

(3) 避免直接接触电解液：电解液可能具有腐蚀性或毒性，应避免皮肤直接接触或吸入其蒸气。

(4) 确保实验室通风良好：避免电解液蒸气或其他有害气体在实验室中积聚。

(5) 设置明显的安全警示标志：如"易燃""腐蚀性"等，以提醒实验人员注意潜在的危险。

(6) 发生任何紧急情况，都可按下电控箱急停开关，断开设备电源。检查确认后，如果是人为操作导致的异常，确认设备状态恢复正常后，顺时针旋转急停开关复位。

4.3　恒温相变材料加热特性曲线的测试

相变材料的相变过程是一种常见的热物理现象，在相变过程中，相变材料内部吸收或释放大量潜热，同时相变材料保持温度恒定。对相变材料的恒温加热特性曲线进行实验测量绘制是研究相变过程的基本方法，通过测量相变材料温度随时间的变化过程，可以获得相变温度区间、相变潜热等重要热物性能参数，为相变材料的应用提供实验依据，因此测量并绘制相变材料恒温加热特性曲线对于储能材料的研究具有实际意义。

4.3.1　实验目的

(1) 测定相变材料恒温加热过程的温度-时间曲线。

(2) 研究相变材料的恒温加热特性曲线变化规律。

(3) 加深对相变储热过程及相变材料热储能应用的理解。

4.3.2　实验装置

实验所用的设备和仪器仪表包括温度控制装置、T 型热电偶、温度数据采集器、小型试管以及试管支架共五部分，实验装置系统如图 4.3.1 所示。

其中，温度控制装置为高低温恒温交变箱，可精准控制温度在−50～200℃；小型试管用于装试样相变材料，将其配合试管支架放置在恒温环境下加热；T 型热电偶探针插入试样中心，配合温度数据采集器用于实时记录试样温度变化；温度数据采集器可将试样温度变化信号转换并传输至计算机，通过相关软件实时显示和记录温度-时间曲线数据。整个实验装置系统可实现对相变材料加热过程中的温度变化进行连续监测和记录，为本实验提供可靠的数据支撑。

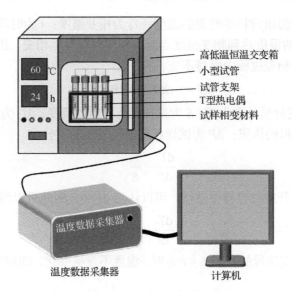

高低温恒温交变箱
小型试管
试管支架
T型热电偶
试样相变材料

温度数据采集器　　　　　计算机

图 4.3.1　实验装置系统图

4.3.3　实验原理

实验中需要测定相变材料在恒温环境下的温度变化曲线，即温度-时间曲线，需要测定实时温度 T，以及温度对应的时间 t。

相变材料在相变过程中会吸收或释放一定量的相变潜热，这是由材料内部的分子排列和相互作用发生变化所致。当相变材料吸收热量时，分子开始振动、重新排列，准备进入新的相态。相变过程持续期间，材料温度基本保持不变，直到完成相变为止。总体来说，相变材料在加热过程中的温度变化可分为三个阶段：相变前升温、相变和相变后升温，如图 4.3.2 所示。

(1) 相变前的升温过程可视为准静态过程，温度随时间的变化遵循牛顿冷却定律：

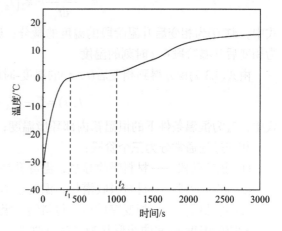

图 4.3.2　相变材料恒温加热温度-时间曲线图

$$\frac{\mathrm{d}T_1(t)}{\mathrm{d}t} = k_1\big[T_\mathrm{a} - T_1(t)\big] \tag{4.3.1}$$

式中，$\mathrm{d}T_1(t)$ 为相变前升温阶段温度的微分；$\mathrm{d}t$ 为时间的微分；k_1 为相变前升温阶段的热传递系数；T_a 为恒温条件下的恒温箱内部环境温度；$T_1(t)$ 为相变前升温阶段在 t 时刻的温度。

由式(4.3.1)积分得到相变前的温度-时间曲线的关系式：

$$T_1(t) = T_\mathrm{e} - \big(T_\mathrm{a} - T_0\big)\mathrm{e}^{k_1 t} \tag{4.3.2}$$

式中，T_0 为相变前升温阶段初始时刻的温度；T_e 为相变温度；t 为时间($0 \leqslant t < t_1$)。

(2) 当相变材料的温度达到相变温度点时，相变材料发生相变。因为在相变温度下，物质的自由能在整个相变过程中保持不变，有

$$dU = -SdT_2 + VdP = 0 \tag{4.3.3}$$

式中，dU 为试样相变材料的自由能；S 为试样相变材料的熵变；dT_2 为相变阶段温度的微分；V 为试样相变材料的体积；dP 为试样相变材料气压的微分。

$$\frac{dT_2}{dP} = \frac{V}{S} \tag{4.3.4}$$

由于相变过程在开放的容器中进行，可以认为 $dP=0$，因此可以将式(4.3.4)简化为

$$\frac{dT_2}{dt} = 0 \tag{4.3.5}$$

此时，当处于相变阶段的时间 $t_1 \leqslant t < t_2$ 时，温度不发生变化，即相变阶段的温度-时间曲线为

$$T_2(t) = T_e \tag{4.3.6}$$

式中，T_e 为相变温度。

(3) 相变后的升温过程可视为准静态过程，温度随时间的变化遵循牛顿冷却定律：

$$\frac{dT_3(t)}{dt} = k_2 [T_a - T_3(t)] \tag{4.3.7}$$

式中，$dT_3(t)$ 为相变后升温阶段的温度的微分；k_2 为相变后升温阶段的热传递系数；$T_3(t)$ 为相变后升温阶段在 t 时刻的温度。

由式(4.3.7)积分得到相变后($t \geqslant t_2$)的温度-时间曲线的关系式：

$$T_3(t) = T_a - (T_a - T_e) e^{k_2 t} \tag{4.3.8}$$

式中，T_a 为恒温条件下的恒温箱内部环境温度；k_2 为相变后升温阶段的热传递系数。

相变过程通常分为三个阶段：

(1) 预热阶段——材料吸收显热，温度升高；

(2) 相变阶段——材料吸收潜热，温度基本保持不变；

(3) 过热阶段——相变完成后，材料继续吸收显热，温度再次升高。

对应的温度-时间曲线形状为"升温曲线-平台-升温曲线"区域。

综上，在恒温环境下相变材料的升温特性曲线为

$$T(t) = \begin{cases} T_e - (T_a - T_0) e^{k_1 t}, & 0 \leqslant t < t_1 \\ T_e, & t_1 \leqslant t < t_2 \\ T_a - (T_a - T_e) e^{k_2 t}, & t \geqslant t_2 \end{cases} \tag{4.3.9}$$

4.3.4　实验方法及步骤

1. 实验方法

实验中主要的数据为在恒温加热条件下，温度随时间的变化数据。

(1) 对于温度数据的测量为时间上连续的点,由于数据随时间连续变化,因此对于温度数据和时间的测量主要分为以下几点。

① 选用精度较高的温度传感器,如 K 型热电偶、T 型热电偶以及热电阻等,能够准确测量试样相变材料的温度变化。

② 将温度传感器探头尽可能深入到样品中心区域,确保能够充分反映样品整体的温度变化情况,也可以将探头固定在样品中心位置,避免在操作过程中移动探头。

③ 温度采集系统要具有足够的采样频率,一般 0.5～1 秒/次的采样频率可以捕捉样品相变过程中的细节变化。

(2) 对于时间数据的测量,最主要的是要保证采集的温度点与时刻点一一对应,由此可以采用以下方法。

① 使用高精度的计时设备,如电子秒表、计算机系统的内置计时器以及无纸记录仪等,记录温度采集时间。

② 确保计时设备的时间精度足够高,使得温度数据与时间相对应。

③ 在开始进行温度采集的同时启动计时器。

2. 实验步骤

(1) 准备试样,称量质量为 4～6 g 的试样相变材料。

(2) 将试样放入小型试管中,并将 T 型热电偶置于试样中心,盖好试管塞。

(3) 将装有试样相变材料的小型试管预热至所需较低的初始温度。

(4) 预热的试样相变材料温度稳定后,打开加热装置,调节至适当恒定加热温度。

(5) 连接温度采集系统,开始实时采集温度变化数据。

(6) 持续采集温度数据,直至试样完全相变结束,温度达到所设定的恒定加热温度。

(7) 数据采集完成后关闭加热装置,待试样完全冷却后取出。

(8) 重复实验步骤(3)～(7),完成 3～5 个不同恒温加热温度条件下的测试。

(9) 结束实验,导出温度-时间数据进行分析处理。

4.3.5 实验报告

(1) 报告内容包括实验目的、实验原理及实验装置。

(2) 绘制温度-时间曲线。

(3) 利用曲线数据拟合材料温度-时间曲线。

(4) 分析曲线形状,解释各阶段的物理意义。

(5) 将实验曲线与理论曲线进行对比,分析可能产生误差的原因。

4.3.6 实验注意事项

(1) 样品选择和准备上,选择合适的相变材料,确保其相变温度范围在实验温度条件下,否则无法测绘出完整的温度-时间曲线。

(2) 在样品称量过程中,确保每次实验的样品质量一致,尽量控制在 4～6 g 的范围内,这样可确保合适的实验进行时长。

(3) 在样品填充试管的过程中,应将样品均匀装填入试管中,避免样品分布不均匀而导致测试结果不准确。

(4) 将 T 型热电偶准确插入样品中心，确保能准确反映样品温度变化。

(5) 实验前需要检查温度采集系统是否工作正常，校准 T 型热电偶，同时检查 T 型热电偶是否在测量范围内，以保证数据的准确性。

(6) 温度采集过程中，应该采用尽可能高的温度采集频率，以捕捉试样相变材料在温度变化过程中的细节变化。

(7) 选择能提供恒定加热温度的加热装置，确保整个加热过程温度保持恒定，同时需要确保加热装置能平缓、均匀地加热样品。

(8) 实时记录样品温度随时间的变化过程，需要及时保存原始数据，以便后续进行数据分析。

(9) 分析温度-时间曲线，准确识别相变起止温度这类关键参数。

(10) 重复实验 3～5 次，取平均值作为最终结果，以提高实验重现性。

(11) 处理数据时，应剔除数据错误的点。

(12) 控制好实验环境温/湿度，减少环境因素对实验结果的干扰。

(13) 实验完毕后，及时清理实验设备，保持实验环境整洁。

4.4　相变材料恒温放热特性曲线的测试

对于具备一定导热特性的复合相变材料，为验证材料的恒温放热特性，可对复合相变材料进行恒定室温环境下放热过程的表面温度测定，根据得到的放热曲线评估复合相变材料的热响应速率。具体操作如下：首先将复合相变材料置于加热台上，将样品升温到恒定温度后，利用红外热成像技术，测试复合相变材料在室温下的表面温度随时间变化的曲线。根据复合相变材料表面温度-时间曲线，分析复合相变材料不同放热温度下的斜率，进而了解复合相变材料的热响应速率，反映复合相变材料热能耗散行为。

4.4.1　实验目的

(1) 测定复合相变材料表面温度-时间的放热特性曲线。

(2) 评估复合相变材料热响应速率、相变潜热。

(3) 理解复合相变材料放热过程温度变化及热能耗散行为。

4.4.2　实验装置

实验所用的设备和仪器由计算机、加热台、红外热分析仪组成，实验装置系统如图 4.4.1 所示。通过加热台设定温度程序，控制加热的目标温度和温升时间，对相变材料样品进行加热/自然冷却操作。通过红外热分析仪拍摄加热台表面，实时监测样品表面温度，记录加热/自然冷却过程中每个时刻下加热台中各样品的表面温度。该过程还可以红外照片/视频的形式保存，监测、收集到的数据由计算机存储、处理。

4.4.3　实验原理

相变材料表面的红外辐射能量由红外热分析仪中的光学成像物镜和红外探测器采集，

图 4.4.1 实验装置系统图

其能量分布图形反映到光敏元件上而显示出各位置颜色不一的红外热像图。红外热像图与物体表面的温度分布场一致，颜色越亮，表示该区域温度越高，颜色越暗，代表该区域温度越低。相变材料被加热台加热，材料表面温度随时间的增加而升高，至某一时刻，断开加热台电源，此时相变材料由空气自然对流冷却，相变材料逐渐降温。这一过程由红外热分析仪记录，从而获得相变材料的表面温度-时间曲线。通过引入一参数 a 来反映相变材料的热响应速率的快慢，其表达式如式(4.4.1)所示。

$$a = \frac{\mathrm{d}T}{\mathrm{d}\tau} \tag{4.4.1}$$

式中，T 为样品的表面温度，单位为 K；τ 为时间，单位为 s。

根据得到的样品表面温度-时间曲线，可由其斜率，即 a 值大小判断该温度条件下，样品的热响应速率。选取加热/自然冷却过程中几个特殊时刻下样品的红外图像作为参照，对比不同样品在升温/自然冷却过程中的热响应速率，评估该样品的热耗散能力。

典型的红外热分析仪得到的温度-时间曲线如图 4.4.2 所示。其中，随时间增加，样品表面温度逐渐降低，且温度降低速率逐渐减缓，至某一时刻，温度降低不明显，呈现出一温度平台。该平台对应的温度即相变温度，在这个温度范围内，相变材料释放存储的相变潜热。温度平台长度能够反映相变材料的相变潜热大小，平台长度越长表示相变材料具有越大的相变潜热，反映相变材料越强的热能存储能力。当温度低于这一温度平台时，温度-时间曲线的倾斜程度(斜率)反映样品本身的导热性质，倾斜程度越大，表示样品在该温度范围的热能响应能力越强。

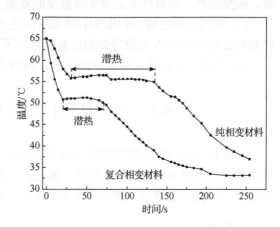

图 4.4.2 样品温度-时间放热特性曲线

4.4.4 实验方法及步骤

(1) 接通设备电源，打开计算机，启动红外热分析仪数据采集程序。

(2) 根据相变材料的性质设定合适的目标温度以及加热、自然冷却时间。

(3) 设定温度棒温度范围，校准温度棒。

(4) 放置样品，根据样品数量，在测定窗口中插入等量采样点，根据测试目的选择照片/视频拍摄。

(5) 结束测定，导出温度-时间数据文件。

4.4.5　实验报告

(1) 报告内容包括实验目的、实验原理和实验装置。

(2) 绘制得到样品的表面温度-时间的放热特性曲线。

(3) 根据样品的温度-时间曲线，分析样品的热响应速率、相变潜热，反映样品的热能耗散行为。

(4) 对比不同样品的热能耗散行为，分析样品各组分含量对样品两种物理特性的影响，反馈、优化样品制备。

(5) 根据现有条件，将样品应用于某一现实场景，利用红外热分析仪进行实验，表征材料应用热能耗散行为，佐证该现实场景的应用可行性。

4.4.6　实验注意事项

(1) 测试时应避免相机机头与加热台过近，避免磕碰、污染相机机头，损坏红外热分析仪。

(2) 根据样品的相变温度区间设置合适的目标温度，避免温度过高造成样品分解。

(3) 测试开始前，应找准红外热分析仪显示的样品位置，准确插入采样点。

(4) 根据样品的相变温度区间设置合适的温度棒范围，将其置于实时图像旁的空白位置，避免遮挡、阻碍样品表面实时温度的观测。

(5) 测试开始之后，导出图片/数据时应注意，不能再次对温度棒进行校准，以免造成样品热红外图像加热/自然冷却前后基准范围不一致。

(6) 测试中，操作过程应少而迅速，避免人为因素对测试结果的干扰。

4.5　相变材料自由放热特性曲线的测试

相变材料自由放热特性曲线实验旨在研究相变材料在没有外部约束或控制条件下，其自发放热过程中的温度变化特性。通过这一实验，可以深入了解相变材料的热学性能，为相变材料在热能储存、温度调节等领域的应用提供理论基础。

4.5.1　实验目的

相变材料自由放热特性曲线实验的目的是全面了解相变材料的自由放热特性，为相变材料的应用和进一步研究提供科学依据。

4.5.2 实验装置

本实验系统主要由漩涡风机、压力变送器、热式流量计、电动调节阀、管间加热器、储热箱、散热器、消音器、工控触屏计算机、电控箱、阀门管道、采集软件等组成，如图 4.5.1 所示。

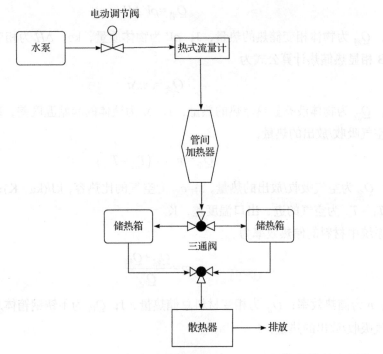

图 4.5.1 系统流程图

4.5.3 实验原理

相变材料在由液态转变为固态时，会在相变温度附近释放大量的潜热。这一过程中，材料的温度变化较小，因为潜热的释放或吸收不会导致温度的显著升高或降低，直到相变结束。因此，通过测量相变材料在自由放热过程中的温度变化，可以确定其相变温度、潜热以及热稳定性等关键参数。

相变材料的储热分为三个阶段(图 4.5.2)：A 相显热、A 相潜热、B 相显热。

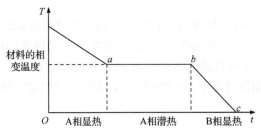

图 4.5.2 相变材料放热温度特性曲线

A 相显热储热计算公式为

$$Q_{固}=cm\Delta t \tag{4.5.1}$$

式中，$Q_{固}$ 为物体固态显热储热的热量，J；c 为物体的比热容，J/(kg·K)；m 为物体质量，kg；Δt 为固体的起始温度差，K。

A 相潜热储热计算公式为

$$Q_{潜}=\rho V\Delta H \tag{4.5.2}$$

式中，$Q_{潜}$ 为物体相变储热的热量，J；ρV 为物体质量，kg；ΔH 为相变材料的相变焓。

B 相显热储热计算公式为

$$Q_{液}=cm\Delta t \tag{4.5.3}$$

式中，$Q_{液}$ 为物体液态显热储热的热量，J；Δt 为液体的起始温度差，K。

空气吸收/放出的热量：

$$Q_{空}=m_{空}c_{空}\left(T_{出}-T_{入}\right) \tag{4.5.4}$$

式中，$Q_{空}$ 为空气吸收/放出的热量，J；$c_{空}$ 为空气的比热容，kJ/(kg·K)；$m_{空}$ 为空气质量，kg；$T_{出}-T_{入}$ 为空气的进、出口温度差，K。

系统中材料的储热效率为

$$\eta=\frac{Q_{蜡}+Q_{箱}}{Q_{空}} \tag{4.5.5}$$

式中，η 为储热效率；$Q_{蜡}$ 为相变材料总储热量，J；$Q_{箱}$ 为不锈钢箱体总储热量，J；$Q_{空}$ 为空气吸收/放出的热量，J。

4.5.4 实验方法及步骤

1. 实验准备

(1) 选择相变材料：根据实验需求选择合适的相变材料。

(2) 实验设备准备：准备实验所需的设备，如蓄热罐、板式换热器、温度计、流量控制阀、数据采集系统等。

(3) 检查设备状态：确保所有设备处于良好的工作状态，温度计和流量控制阀校准准确。

2. 蓄热过程

(1) 初始状态设置：将蓄热罐内充满相变材料，并设定初始温度和压力。

(2) 加热相变材料：通过外部热源(如电加热器等)对蓄热罐内的相变材料进行加热，直至相变材料完全熔化并达到预定的蓄热温度(如 $T_0=82℃$)。

(3) 记录数据：在加热过程中，使用数据采集系统记录相变材料的温度随时间的变化。

3. 自由放热过程

(1) 关闭入口阀门：当蓄热罐内相变材料达到预定蓄热温度后，关闭蓄热罐的入口阀门，阻止外部热量进入。

(2) 设置水箱和凉水流量：在板式换热器的一侧设置水箱，另一侧设置凉水流入。通过流量控制阀调节凉水的流量，使流入板式换热器中的凉水与蓄热罐内的相变材料进行换热。

(3) 控制水温：通过调节凉水流量和温度，使流入蓄热罐内的水温保持恒定(如 T_1)。

(4) 记录数据：在放热过程中，使用数据采集系统记录相变材料的温度随时间的变化，以及凉水流量和温度的变化。

(5) 结束条件：当蓄热罐内的相变材料温度接近 T_1 时，认为放热过程结束。

4. 数据处理与分析

(1) 绘制自由放热特性曲线：根据实验数据，绘制相变材料的自由放热特性曲线，即温度随时间的变化曲线。

(2) 分析实验结果：根据自由放热特性曲线，分析相变材料的放热性能，如放热速率、放热时间等。

(3) 与理论值对比：如果可能，将实验结果与理论值进行对比，以验证实验结果的准确性和可靠性。

5. 实验后处理

(1) 清理实验现场：实验结束后，清理实验现场，将实验设备和工具归位。

(2) 保存实验数据：将实验数据保存至计算机或纸质文件中，以备后续分析和参考。

4.5.5 实验报告

(1) 报告内容包括实验目的、实验原理和实验装置。

(2) 依据不同实验内容，撰写如下相关实验报告。

① 探究相变材料在放热过程中的温度变化规律、放热效率以及影响放热性能的因素，为相变材料的应用提供实验依据。

② 实验结果分析。

4.5.6 实验注意事项

(1) 实验开始前，检查设备/软件默认状态是否正确，检查软件界面温度设置是否正确，检查三通阀是否置于正确位置。在长时间测试的过程中防止散热遮挡与加热器干烧。

(2) 发生任何紧急情况，都可按下电控箱急停开关，断开设备电源。检查确认后，如果是人为操作导致的异常，确认设备状态恢复正常后，顺时针旋转急停开关复位。

4.6 储放热工程典型应用实验

储放热装置系统主要包括列管式、填充式、平板式换热结构。本节主要介绍采用相变储热介质堆积结构的填充床储热系统的工况测试应用实验。该系统将热能储存于相变材料，经封装后填充于储热罐中，形成填充床。填充床储热装置由相变储热单元及流过该装置的传热流体组成，且储热单元和传热流体之间有着很大的传热面积。填充床储热的本质是传热流体与相变材料之间的传热过程。当传热流体将热量从热源传递至相变材料时，填充床储热系统完成了储热过程；反之，当传热流体回收储存于相变材料中的热量时，填充床储热系统完成了放热过程。目前，填充床储热装置主要应用于聚光太阳能发电、工业余热回收等领域，实现了能源的高效回收和利用。

4.6.1　实验目的

(1) 通过温度数据观察填充床内的热动态特征。
(2) 计算填充床储放热性能。
(3) 理解体会相变储热系统在工程应用中的实际意义。

4.6.2　实验装置

实验所用的设备由热源罐(带加热装置)、冷源罐、储热罐、低温恒温槽、热水泵、冷水泵、流量计、热电偶、计算机 Lab-View 数据采集系统组成，实验装置系统如图 4.6.1 所示。加热装置按照设定温度为热源罐中的传热流体加热，低温恒温槽按照设定温度冷却冷源罐中传热流体。流量计测定储放热过程中传热流体的流量，热电偶测定储热罐内各处的温度，各项数控可以通过数据采集系统实时采集并传至计算机 Lab-View。储热罐、热源罐、冷源罐、管道外均包裹有保温层，减少储放热过程中的热量损失。

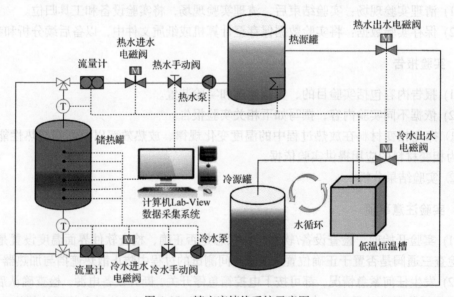

图 4.6.1　填充床储热系统示意图

4.6.3　实验原理

单罐填充床储热装置是冷、热流体同时存储于一个罐体中，冷、热流体根据密度差实现分层，热流体在上侧、冷流体在下侧，在冷、热交接的区域形成一个薄层，该薄层即为斜温层。在斜温层内，沿重力方向会存在较大的温度梯度；在斜温层外，冷、热流体沿重力方向温度梯度较小，温度几乎不变。储热工况时，传热流体经热源罐加热为热流体后，由储热罐顶端进入储热罐，随着储热过程进行，储热罐内流体总质量保持恒定，冷流体逐渐减少,热流体逐渐增多,斜温层下移;放热工况时,传热流体经低温恒温槽冷却后温度降低,成为冷流体,冷流体从储热罐底端进入罐内,热流体逐渐减少,冷流体逐渐增多,斜温层上移,直到抵达储热罐顶部。

1. 填充床储热装置的理论储热量 E_{theory}

填充床的理论存储热量 E_{theory} 包括水存储的热量 E_{w}、相变材料存储的热量 E_{p} 以及封装外壳存储的热量 E_{s}。

$$E_{\text{theory}}=E_{\text{w}}+E_{\text{p}}+E_{\text{s}} \tag{4.6.1}$$

$$E_{\text{w}}=m_{\text{w}}c_{\text{w}}(T_{\text{H}}-T_{\text{C}}) \tag{4.6.2}$$

$$E_{\text{p}}=m_{\text{p}}\left[c_{\text{p,s}}(T_{\text{m}}-T_{\text{C}})+\Delta H+c_{\text{p,l}}(T_{\text{H}}-T_{\text{m}})\right] \tag{4.6.3}$$

$$E_{\text{s}}=m_{\text{s}}c_{\text{s}}(T_{\text{H}}-T_{\text{C}}) \tag{4.6.4}$$

式中,c_{w}、$c_{\text{p,s}}$、$c_{\text{p,l}}$、c_{s} 分别为水、固态相变材料、液态相变材料和外壳的定压比热容,kJ/(kg·K)

2. 储热功率 P_{c}、放热功率 P_{d} 及散热功率 P_{loss}

储热功率 P_{c} 和放热功率 P_{d} 分别表示单位时间内经储、放热回路进入和离开储热罐的热量,散热功率 P_{loss} 表示单位时间内储热罐壁面散热量。

$$P_{\text{c}}=(T_{\text{in}}-T_{\text{out}})c_{\text{w}}v_{\text{c}}\rho_{\text{w}}-P_{\text{loss}} \tag{4.6.5}$$

$$P_{\text{d}}=(T_{\text{out}}-T_{\text{in}})c_{\text{w}}v_{\text{d}}\rho_{\text{w}}-P_{\text{loss}} \tag{4.6.6}$$

$$P_{\text{loss}}=\frac{A\left(\overline{T_{\text{f}}}-T_{\text{outer,wall}}\right)}{\dfrac{\delta}{\lambda}} \tag{4.6.7}$$

式中,T_{in}、T_{out} 分别为储热罐入口与出口温度,℃;ρ_{w} 为水的密度,kg/m³;v_{c}、v_{d} 分别为储、放热体积流量,m³/h;A 储热罐壁面传热面积,m²;$\overline{T_{\text{f}}}$、$T_{\text{outer,wall}}$ 分别为储热罐内部流体平均温度和外壁平均温度,℃;δ 为保温层厚度,m;λ 为保温材料导热系数,W/(m·K)。

3. 放热容量利用率 UR

放热容量利用率也称为效率,定义为实际放热量与理论储热量之比。

$$\text{UR}=\frac{\displaystyle\int_0^{t_{\text{end}}}P_{\text{d}}\text{d}t}{E_{\text{theory}}} \tag{4.6.8}$$

式中,t_{end} 为放热过程用时。

4. 填充床的孔隙率 ε

填充床的孔隙率可由相变单元总体积及填充床的体积 V 计算得出:

$$\varepsilon = 1 - \frac{NV_b}{V} \tag{4.6.9}$$

式中，N 为相变单元个数，个；V_b 为单个相变单元体积，m^3；V 为填充床的体积，m^3。

5. 无量纲时间 t^*

无量纲时间 t^* 定义为瞬时时间(t)与储热过程或放热过程到达截止温度时间(t_{end})之比。$t^*=0$ 表示储热过程或放热过程的初始时间，$t^*=1$ 表示储热过程或放热过程到达截止温度的时间。

$$t^* = \frac{t}{t_{end}} \tag{4.6.10}$$

在储热过程中，冷水出口温度逐步升高，当其上升到某一温度时，储热过程停止，填充床储热装置转换为放热过程，这一温度定义为储热截止温度；在放热过程中，热水出口温度逐渐下降，当其下降至某一温度值时，放热过程停止，填充床储热装置可重新转换为储热过程，这一温度定义为放热截止温度。储放热过程的转换以出口水温为判断标准，截止温度代表循环过程中储放热的完整程度。

4.6.4　实验方法及步骤

(1) 打开装置电源及计算机 Lab-View 实时监控软件，载入实验数据检测界面(图 4.6.2)，表 4.6.1 为实验操控流程示意表。

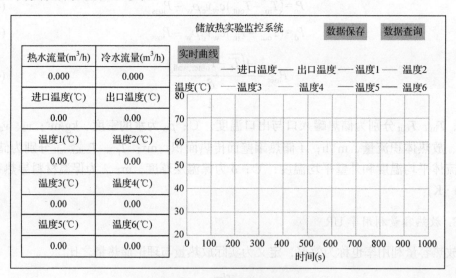

图 4.6.2　实验数据检测界面

表 4.6.1　实验操控流程示意表

步骤	1	2	3	4	5
热水泵	关	关	关	开	关
热水进水电磁阀	关	关	关	开	关
热水出水电磁阀	关	关	关	开	关

续表

步骤	1	2	3	4	5
热水手动阀	关	关	关	开	关
冷水泵	关	关	开	关	开
冷水进水电磁阀	关	关	开	关	开
冷水出水电磁阀	关	关	开	关	开
冷水手动阀	关	关	开	关	开

(2) 热/冷源罐注水至 80%，并设置热源罐温度 $T_H = 60℃$(即入口温度 $T_{in} = 60℃$)，冷源罐温度为 $T_C = 20℃$，加热/冷却过程中对罐内的水进行搅拌。

(3) 等待 20~30min，当冷源罐内温度稳定为 20℃时，依次打开冷水进水电磁阀、冷水出水电磁阀、冷水手动阀、冷水泵，向储热罐注满水，关闭冷水泵及各个阀门。

(4) 等待 30~40min，当热源罐内温度稳定至 60℃时，开启储热过程，依次打开热水进水电磁阀、热水出水电磁阀、热水手动阀、热水泵，调节流量至 2 L/min，通过实时监控软件观察储热罐内温度变化，当出口温度 $T_{out,c} = 56℃$(储热过程截止温度)时，储热过程结束，关闭热水泵及各个阀门。

(5) 等待 5~10 min，开启放热过程，依次打开冷水进水电磁阀、冷水出水电磁阀、冷水手动阀、冷水泵，调节流量至 2 L/min，通过实时监控软件观察储热罐内温度变化，当出口温度到达 $T_{out,d} = 25℃$(放热过程截止温度)时，放热过程结束，关闭冷水泵及各个阀门。

(6) 重复步骤(2)~(5)，改变入口流速或温度，完成 2~5 个工况，应注意最高温度不应超过 80℃。

(7) 结束实验，导出本次实验数据(数据查询→选择开始时间及结束时间→数据保存)。

4.6.5　实验报告

(1) 报告内容包括实验目的、实验原理和实验装置。

(2) 使用数据处理软件绘制储、放热过程填充床内轴在不同高度处温度随时间的变化曲线图，观察曲线变化情况，分析填充床内的热动态特征，并总结出规律。

(3) 分别绘制 $t^* = 0$、0.25、0.5、0.75、1 时，储、放热过程中温度随储热罐高度变化的曲线图，观察斜温层厚度变化情况，得出斜温层厚度与入口流速、入口温度的关系。

(4) 绘制不同工况下储、放热过程出口温度变化曲线，分析填充床储热装置的放热性能。

(5) 计算系统理论储热量、储热功率、放热功率、散热功率、放热容量利用率，并进行不同工况下的对比，得出实验结论。

4.6.6　实验注意事项

(1) 实验过程开始时应先开启各个阀门，再打开热水泵或冷水泵，结束时先关闭热水泵或冷水泵，再关闭各个阀门，防止流体回流对泵造成损伤。

(2) 实验过程中注意用电安全，防止水、电接触造成用电危害。

(3) 实验测定时，入口最高温度不得超过 80℃。

(4) 实验结束后，及时关闭电源。

4.7　相变材料循环稳定性实验

对于确定热循环稳定性良好的复合型相变材料，其能否长期循环使用需要进行上百次热循环实验。继续对相变材料进行凝固/熔化热循环，每间隔一定次数取一次有效式样进行 DSC 差示扫描量热仪测试分析，观察热循环次数的增加对相变材料的相变潜热及相变温度的影响，从而综合判断相变材料的热循环稳定性。

4.7.1　实验目的

(1) 测试相变材料经过交变后的材料相分离情况。

(2) 测定相变材料热循环后的相变潜热、温度变化曲线。

(3) 加强对相变材料热循环性能及其热循环稳定性的理解。

4.7.2　实验装置

实验所用的设备和仪器由高低温恒温交变箱、DSC 差示扫描量热仪、无纸记录仪共三部分组成，实验装置系统如图 4.7.1 所示。

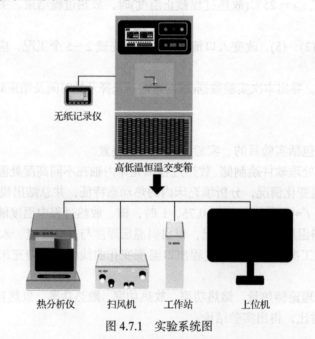

无纸记录仪

高低温恒温交变箱

热分析仪　　扫风机　　工作站　　上位机

图 4.7.1　实验系统图

系统中采用无纸记录仪记录循环过程中相变材料的温度变化情况，高低温恒温交变箱用来控制内部环境的温度变化，DSC 差示扫描量热仪用来检测循环前后材料的相变温度和相变潜热值。高低温恒温交变箱主要由箱体、控制系统、冷热源等组成。箱体是高低温恒温交变箱的外壳,通常由金属材料制成,内部安装有加热系统、制冷系统、通风系统等。控制系统包括温度控制器、湿度控制器、时间控制器等,用于控制高低温恒温交变箱内的温度、湿度和时间等参数。冷热源是高低温恒温交变箱的核心部件,包括制冷系统和加热系统,用于产生低温或高温环境。DSC 差示扫描量热仪由热分析仪、扫风机、工作站和上位机组成。热分析仪用于加热和冷却样品,扫风机用于对热分析仪进行惰性气体的输送,工作站主要是对数据进行传输和监控,上位机用于分析和导出数据。

4.7.3 实验原理

实验中需要目测循环前后相变材料的相分离情况、循环前后相变材料相变温度的变化情况、循环前后相变材料潜热值的衰减情况,测定方法如下。

1) 循环前后相变材料的相分离情况

相分离情况可直接由肉眼观察。

2) 循环前后相变材料的熔化、凝固温度

分别从熔化峰和凝固峰的两个拐点处作切线,切线分别与熔融前后基线相交,得到起始点和终止点;再自动标注曲线最低点对应的温度为所求温度。

3) 循环前后相变材料的熔化、凝固潜热值

循环前后的相变熔值由 DSC 相关软件进行数据处理并计算熔变积分,积分计算即峰面积测定的步骤:

(1) 确定基线的类型;

(2) 选择想要的结果,如对样品归一化的积分、起始点、峰高;

(3) 定义计算范围(积分和基线界限)。

$$\Delta H = \int_{t_1}^{t_2} \frac{\mathrm{d}H}{\mathrm{d}t} \mathrm{d}t \tag{4.7.1}$$

式中,ΔH 为所计算的相变熔值,J/g;t_1、t_2 为相变开始和结束后的时间点,s;H 为材料的熔值,J/g;t 为实验所进行的时间,s。

如图 4.7.2 所示,最后得到循环后的 DSC 曲线和相变温度与潜热值变化情况。

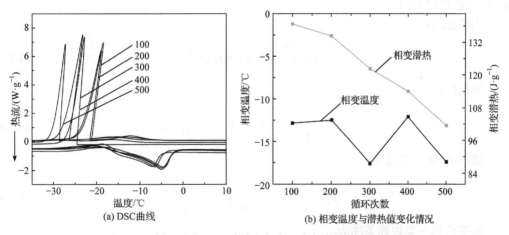

(a) DSC曲线   (b) 相变温度与潜热值变化情况

图 4.7.2 循环后的 DSC 曲线和相变温度与潜热值变化情况

4) 循环过程中相变材料和交变箱内部的温度曲线

实验过程中应设置好循环的温度区间与循环次数以确保在循环过程中材料相变完全。热循环实验的主要参数类型包括温度极限、两个极限的停留时间以及两个极限之间的变化率。图 4.7.3 显示了主要的测试参数。主要测试参数包括最短停留时间(minimum dwell time)、最长循环时间(maximum cycle time)、最大温度变化率(maximum temperature change rate,在图中最大温度变化率为 100℃/h)、特定循环次数(continue for specific number of cycles)。

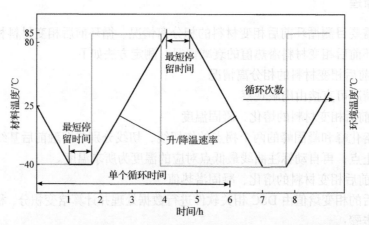

图 4.7.3 高低温恒温交变箱内部温度及无纸记录仪温度曲线示意图

如果最短停留时间较长,则测试的持续时间会增加,除非减少循环次数,所以要注意极限温度下的持续时间,因为温度应力所带来的影响可能会使得相变材料结构发生变化,永久削弱其热物理性能。

5) 相变传热温度法模型

相变传热温度法模型,简称温度法模型,是以温度和相界面位置为待求变量,分别在固相区、液相区和相界面建立能量守恒方程,并在固相和液相区域分别求解温度场分布。温度法模型中,温度为唯一变量。根据能量守恒定律,在两相区和两相交界面处建立温度法能量守恒方程。

固相区域:

$$\rho_s c_s \frac{\partial T_s}{\partial \tau} = \nabla \cdot \left(k_s \nabla T_s\right) + S_s \tag{4.7.2}$$

液相区域:

$$\rho_l c_l \left(\frac{\partial T_l}{\partial \tau} + v \cdot \nabla T_l\right) = \nabla \cdot \left(k_l \nabla T_l\right) + S_l \tag{4.7.3}$$

固-液两相交界面处:

$$\rho_s L \frac{Ds(t)}{D\tau} = \left(k \frac{\partial T}{\partial n}\right)_s - \left(k \frac{\partial T}{\partial n}\right)_l \tag{4.7.4}$$

相变传热三类边界条件为

$$T = T_h \tag{4.7.5}$$

$$k_{s/l} \frac{\partial T}{\partial n} = q_w \tag{4.7.6}$$

$$k_{s/l} \frac{\partial T}{\partial n} = \alpha (T_f - T_h) \tag{4.7.7}$$

式中，T_s、T_l 分别为固、液相温度，K；S_s、S_l 分别为固、液相源项；ρ_s、ρ_l 分别为固、液相密度，kg/m^3；k_s、k_l 分别为固、液相导热系数，$W/(m \cdot K)$；c_s、c_l 分别为固、液相比热容，$J/(kg \cdot K)$；v 为速度矢量，m/s；τ 为时间，s；L 为相变材料的相变潜热，kJ/kg；$s(t)$ 为界面位置，m；α 为外部传热系数，$W/(m^2 \cdot K)$；T_f 为流体平均温度，K；T_h 为环境温度，K；q_w 为外部热流密度，W/m^2。

6）测量误差

（1）温度测量误差。

T 型热电偶测量最大绝对误差 $\delta T = 0.5℃$，若实验温度测量范围 $\Delta T \geqslant 80℃$，则温度测量的最大相对误差为

$$\frac{\delta T}{\Delta T} \leqslant 0.625\% \tag{4.7.8}$$

（2）间接测量误差。

根据间接测量误差传递公式，间接测量误差与各个直接被测量存在函数关系，根据 Moffat 关于实验数据不确定的分析方法，设间接被测量 y 是直接被测量 $x_1, x_2, \cdots, x_n$ 的函数，则函数表达式为 $y = y(x_1, x_2, \cdots, x_n)$。设 $\Delta x_1, \Delta x_2, \cdots, \Delta x_n$ 分别为直接被测量 $x_1, x_2, \cdots, x_n$ 的绝对误差，Δy 为间接被测量 y 的绝对误差，则

$$\Delta y = \sqrt{\left(\frac{\partial f}{\partial x_1} \Delta x_1\right)^2 + \left(\frac{\partial f}{\partial x_2} \Delta x_2\right)^2 + \cdots + \left(\frac{\partial f}{\partial x_n} \Delta x_n\right)^2} = \sqrt{\sum_{i=1}^{n} \left(\frac{\partial f}{\partial x_i} \Delta x_i\right)^2} \tag{4.7.9}$$

式中，$\frac{\partial f}{\partial x_i}$ 为误差传递系数。

因此，间接被测量 y 的相对误差表示为

$$\frac{\Delta y}{y} = \frac{1}{y} \sqrt{\left(\frac{\partial f}{\partial x_1} \Delta x_1\right)^2 + \left(\frac{\partial f}{\partial x_2} \Delta x_2\right)^2 + \cdots + \left(\frac{\partial f}{\partial x_n} \Delta x_n\right)^2} \tag{4.7.10}$$

4.7.4　实验方法及步骤

（1）接通电源，将无纸记录仪的 T 型热电偶插入带有实验材料的锥形瓶中。

（2）高低温循环测试需要用到方程式去设置运行的高温和低温。运行的循环温度和时间如下。段数 1：从常温降低到-10℃，设置时间为 0.3 h。段数 2：在端点-10℃保持运行 4 h。段数 3：从-10℃升温到 50℃，设置时间为 1 h。段数 4：在端点 50℃保持运行 4 h。段数 5：从 50℃降低到-10℃，设置时间为 1 h。段数 6：在端点-10℃保持运行 4 h。段数 7：从-10℃升温到 50℃，设置时间为 1 h。段数 8：在端点 50℃保持运行 4 h。段数 9：从 50 ℃降低到常温 20℃，设置时间为 0.3 h。

（3）运行多个循环实验步骤。常规步骤为单击操作面板下"编辑"按钮(图 4.7.4)设置

程式编号、程式名称、循环次数，而 No.下的框图标号显示程式段号，通常 01 和 03 设置为升温或降温程序。No.旁的温度(℃)表示要设置到的目标温度，时间(H.M)表示整个升温过程所进行的时间；02 和 03 表示高温和低温所持续的时间，最后在 04 下面的 05 时间一栏设置为–0.01，表示不进行此段及后续温度程序段。

(4) 打开环境箱界面进行程式设定：执行步骤→程式设定命令，在程式实验界面中设置好需要循环的温度、湿度和循环时间，在循环界面里设置需要循环的段数和次数，转到操作设定界面选择程式运行和运行时间为 20 h。最后在监视画面界面选择启动运行。

(5) 循环结束后称取 4~6 mg 样品放入坩埚中，打开氮气瓶、上位机、扫风机、工作站和热分析仪，然后设定热分析程序，输入样品质量、名称，设置升温速率、降温速率和目标温度，开始进行测试。

(6) 在 DSC 测试软件中设定好测试程序进行测试，如图 4.7.5 所示。

(7) 在 DSC 测试软件中对测试结果进行分析。

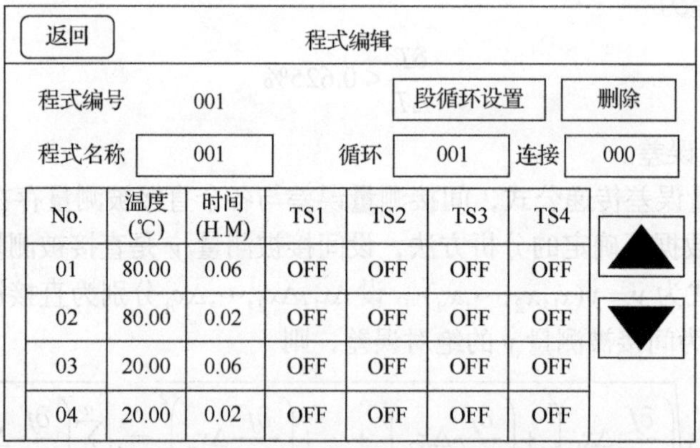

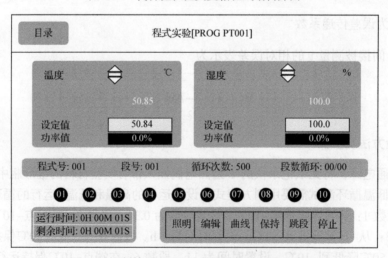

图 4.7.4　高低温恒温交变箱程式编辑界面

图 4.7.5　高低温恒温交变箱程式实验设置示意图

4.7.5　实验报告

(1) 报告内容包括实验目的、实验原理和实验装置。

（2）按实验原理分别计算循环前后的相变温度与相变潜热。

（3）绘制相变温度及相变潜热随循环次数衰减后的统计图。

（4）将循环前的相变材料与循环后的相变材料进行图片对比，分析是否产生相分离。

4.7.6　实验注意事项

（1）采用控制湿度的高低温恒温交变箱进行热交变实验时，应时刻关注箱体内部储存水量多少，及时加水。

（2）加热和冷却要缓慢进行，防止箱体内部的相变材料未完全释放和储存潜热。

（3）使用高低温恒温交变箱时，门要关好，否则温湿外泄，温度达不到性能区域。

（4）当完成低温运转时，务必设定温度条件为 60℃施行干燥处理，约半小时后打开箱门，以免出现蒸发器结冰现象或损坏测试物。

（5）高低温恒温交变箱运转时，请勿用手触摸检查，以免触电或为风扇所伤，发生危险。请先停止运转，断电后再修理。

（6）积水筒水位不可过高或过低，过高使水溢出积水筒或过低使湿球测试吸水不正常，影响湿球的准确性，水位大约保持六分满即可。积水筒水位的调整，可调节水盒的高低。

4.8　储热材料显热性能实验

储热材料显热性能实验主要关注显热储热材料在热能储存和释放过程中的性能表现。显热储热技术基于物质在升高温度时吸热、降低温度时放热的原理，成本较低、经济实用，并具有良好的热稳定性和热循环性能。

4.8.1　实验目的

（1）了解相变储能系统的原理与结构。

（2）对储能物料的储、放热性能进行测定。

（3）计算储热系统整体循环热效率。

（4）验证储热材料在温度变化时的热响应特性。

4.8.2　实验装置

本实验系统主要由漩涡风机、压力变送器、热式流量计、电动调节阀、管间加热器、储热箱、散热器、消音器、工控触屏计算机、电控箱、阀门管道、采集软件等组成，如图 4.8.1 所示。流程图如图 4.8.2 所示。

图 4.8.1　储热材料显热性能实验台

4.8.3　实验原理

物体在加热或冷却过程中，温度升

高或降低而不改变其原有相态所需吸收或放出的热量，称为显热。每一种物质均具有一定的热容，在物质形态不变的情况下，随着温度的变化，它会吸收热量使内能增加，这种方式称为显热储热。

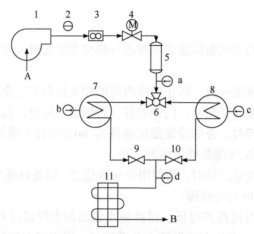

显热储热
实验系统

图 4.8.2　显热储热设备流程图

A-风机进风口；B-消音处理排放。1-漩涡风机；2-压力变送器；
3-热式流量计；4-电动调节阀；5-管间加热器；6-L 型手动三通阀；
7-固态储热箱；8-液态储热箱；9、10-手动球阀；11-散热盘管；a、b、c、d-温度传感器

4.8.4　实验方法及步骤

1. 实验准备

(1) 选择储热材料：根据实验需求选择合适的显热储热材料，如使用铝酸盐水泥和特定骨料制备的混凝土储热材料。

(2) 准备实验设备：准备实验所需的设备，包括温度控制设备(如恒温箱或水浴锅)、测温仪器(如铂电阻温度传感器)、数据采集系统、容器(如试管或蓄热罐)等。

(3) 检查设备状态：确保所有设备处于良好的工作状态，特别是测温仪器的校准应准确无误。

2. 材料制备

制备储热材料：根据实验要求，按照特定的配比和方法制备储热材料。例如，采用水泥作为胶凝剂，添加比热容、热导率(即导热系数)大的物质作为骨料来制备混凝土储热材料。

3. 实验过程

(1) 初始状态设定：将制备好的储热材料放入容器(如试管或蓄热罐)中，设定初始温度。

(2) 加热过程：

① 将容器置于温度控制设备(如恒温箱或水浴锅)中，按预设的加热温度和加热时间对储热材料进行加热。

②　在加热过程中,使用测温仪器实时监测储热材料的温度变化,并通过数据采集系统记录数据。

(3) 性能测试:

①　当储热材料达到预定的加热温度后,保持一段时间,使材料充分热化。

②　测试储热材料的显热性能,包括比热容、热导率等参数。可以通过测量材料在不同温度下的热响应来评估其显热性能。

③　记录测试过程中的温度、时间等数据,并绘制相关曲线,如温度-时间曲线。

4. 数据处理与分析

(1) 数据处理:整理实验过程中记录的数据,包括温度、时间等。

(2) 性能评估:根据实验数据,计算储热材料的比热容、热导率等显热性能指标,并与理论值或标准值进行对比。

(3) 结果分析:分析实验结果,探讨储热材料的显热性能与材料组成、制备工艺等因素之间的关系。

5. 实验后处理

(1) 清理实验现场:实验结束后,清理实验现场,将实验设备和工具归位。

(2) 保存实验数据:将实验数据保存至计算机或纸质文件中,以备后续分析和参考。

4.8.5　实验报告

(1) 报告内容包括实验目的、实验原理和实验装置。

(2) 依据不同实验内容,撰写如下相关实验报告。

①　固体熔点测定。

②　比热容测量。

③　热导率测量。

④　热扩散系数测量。

⑤　耐压强度测试。

⑥　体积密度和真气孔率测试。

⑦　热膨胀率(系数)测量。

4.8.6　实验注意事项

(1) 实验应在开阔、通风的实验室内进行,实验前要锁紧四周脚轮。

(2) 测试过程中,需按线缆标识正确连接电源线,在长时间测试的过程中防止散热遮挡与加热器干烧(不开风机加热)。

(3) 不可用手直接接触管道、法兰、快装卡箍等暴露的金属制品以及保温层,防止高温烫伤。

(4) 需要手动操作阀门时,必须佩戴高温手套。

4.9　恒功率相变材料加热特性曲线的测试

相变储能材料是一类利用在某一特定温度下发生物理相态变化以实现能量的存储和释放的储能材料,一般有固-液、液-气和气-固相变三种形式。相变储能具有储能密度高、体积小巧、温度控制恒定、节能效果显著、相变温度选择范围宽、易于控制等优点。对相变材料的恒功率加热特性进行实验测量是研究相变过程的基本方法,通过测量相变材料在恒功率加热条件下的变化过程,可以获得材料的许多性能参数,为相变材料的应用提供实验依据。因此,测量并绘制相变材料恒功率加热特性曲线对于储能材料的研究具有实际意义。

4.9.1　实验目的

(1) 了解相变材料恒功率加热的原理。
(2) 了解恒功率相变材料的加热特性。

4.9.2　实验装置

相变材料恒功率加热系统(图 4.9.1)由相变材料储热控制测试系统、自由放热与应用系统、相变材料放热控制测试系统和实验监控平台四部分组成。

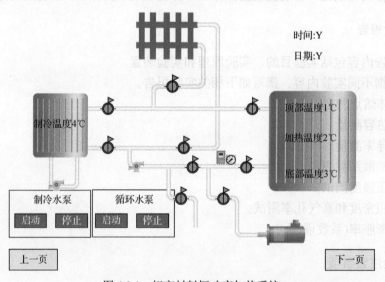

图 4.9.1　相变材料恒功率加热系统

1. 相变材料储热控制测试系统

相变材料储热控制测试系统由储热单元与控制单元组成,储热单元由储热保温箱、储热罐、温度传感器、相变材料实验对象、换热水管、加热模块等组成,储热保温箱采用聚丙烯发泡树脂(expanded polypropylene, EPP)泡沫板,并采用开合页,更方便更换相变材料。控制单元由发电单元、控制器、数据显示表以及触摸屏等模块组成。

2.　自由放热与应用系统

自由放热与应用系统由自由放热单元与控制单元组成。自由放热单元由放热片组成。控制单元由阀门、直流调速模块、发电单元、控制器、水泵、数据显示表以及循环电机等组成。

3.　相变材料放热控制测试系统

相变材料放热控制测试系统由放热单元与控制单元组成。放热单元由放热罐、制冷模块、数据显示表等组成。控制单元由发电单元、制冷单元、控制器等组成。

4.　实验监控平台

相变储能实验系统由工控计算机、显示器、操作台、通信电缆、监控软件等组成，完成对储能系统的运行监测与控制。

4.9.3　实验原理

恒功率控制模式是一种用来保持电路输出功率恒定的控制方式，其工作原理是通过调节电压和电流的比例来实现对电路的控制，如图 4.9.2 所示。在电路中，功率可以表示为电压和电流的乘积，即 $P=VI$。因此，如果要保持功率不变，就需要在电压和电流之间保持一定的比例关系，这种比例关系可以通过调节电路中的电阻、电容、电感等元件来实现。在恒功率控制中，控制器根据电路负载的变化自动调整电路的输出电压或电流，以此来保持输出功率恒定。恒功率控制还可以提高系统的稳定性和效率，从而为电路的设计和优化提供了更加灵活的选择。

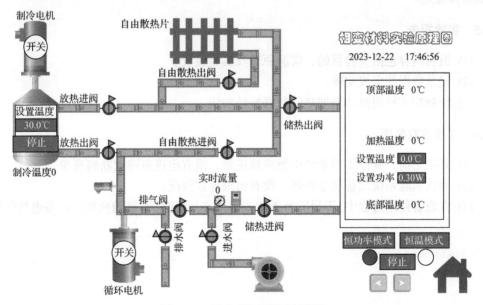

图 4.9.2　恒功率控制模式原理图

4.9.4　实验方法及步骤

1. 储热箱更换实验对象操作步骤

(1) 关闭储热进阀与储热出阀,拔掉水管,排空储热罐内部存水,更换相变储热实验对象。

(2) 打开储热进阀、储热出阀、放热进阀、放热出阀、排水阀、进水阀,关闭排气阀,打开水泵注水。

(3) 将排水阀水管放置于水中,观察是否有气泡,有气泡产生代表内部空气还未排空,等待空气排空并且水管开始均匀出水,此时储热罐内部已注满水。

(4) 关闭排水阀,使压力控制在 0.1 MPa 后,关闭水泵储热进阀、储热出阀、放热进阀、放热出阀、进水阀,打开排气阀。

2. 系统操作步骤

(1) 将实验系统电源插头插入符合规格的电源插座中(AC 220V/50 Hz/3 kW),确保插头与插座连接良好。

(2) 依次打开系统上部电源开关,使设备正常通电。此时设备面板上的带电指示灯、触摸屏、设备内各控制器、模块等应处于正常亮起状态。

(3) 观察设备的运行状态,确保设备正常进行工作,留意是否有异响、漏水以及异常发热发烫等情况出现。

(4) 准备相变储能材料。选取实验对象,将其放入储热箱中连接。

(5) 恒功率加热相变储能材料。通过触摸屏切换至恒功率模式,输入实验所需的功率,使其持续加热。

4.9.5　实验报告

(1) 报告内容包括实验目的、实验原理及实验装置。
(2) 记录数据并完成实验。
(3) 绘制相变材料恒功率加热的数据特性曲线。

4.9.6　实验注意事项

(1) 开机之前,确保实验系统电源连接正常,没有出现短路或断路现象。
(2) 确认实验系统设备状态良好,没有出现异常情况。
(3) 在设备使用过程中,不得随意拆卸或扭动连接管路,不得随意更换设备电气部件。

第 5 章 储能综合实验

5.1 风力发电及制氢储能耦合实验

随着可再生能源的发展，风力发电作为一种清洁能源具有巨大潜力。然而，风力发电的不稳定性和间歇性限制了大规模应用。为了解决这一问题，将风力发电与制氢技术耦合，通过将风能转化为氢气储能，可以提高能源利用效率并实现能源的长期储存和平衡调度。

本实验的主要目的是探索风力发电与制氢的耦合系统，分析其效率和经济性，为未来可再生能源系统的优化提供参考，对于实现可再生能源的高效利用和促进"双碳"目标的实现具有重要意义。

5.1.1 实验目的

(1) 了解风力发电基础理论原理。

(2) 了解电解水制氢基础理论原理。

(3) 了解氢气储存主要方法及原理。

(4) 了解风力发电制氢耦合储能系统的组成，分析风力发电转化效率，评估电解水制氢效率，不同方式储氢的优缺点，比较不同操作条件下系统的能量损耗和转化效率。

5.1.2 实验装置

风力发电及制氢储能耦合系统主要由风力发电机、电解水制氢系统组成，如图 5.1.1

(a) 风力发电机

(b) 充电控制器

(c) 储能电池

(d) 水电解槽

图 5.1.1　风力发电及制氢储能耦合实验台

所示。风力发电系统主要设备包括风力发电机、充电控制器、储能电池、逆变模块、控制模块等。电解水系统主要设备包括水电解槽、氢气缓冲罐、氢气洗涤器。

5.1.3　实验原理

风力发电及制氢储能耦合实验系统原理如图 5.1.2 所示，其中各主要模块原理如下。

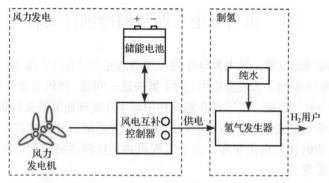

图 5.1.2　风力发电及制氢储能耦合实验系统原理图

1. 风力发电

风力发电原理示意图如图 5.1.3 所示。

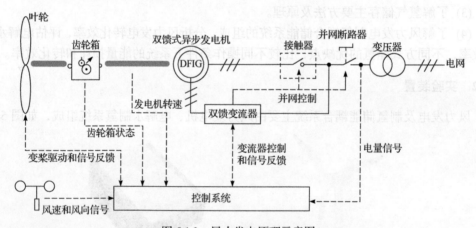

图 5.1.3　风力发电原理示意图

风能捕捉：风力发电机的叶片设计成能够有效捕捉风能的形状。当风吹过叶片时，由于叶片的形状和角度，风能转化为叶片的旋转动能。

叶片转动：风能推动叶片转动，叶片通过轴承连接到齿轮箱，将低速、高扭矩的旋转转换为高速、低扭矩的旋转。通过齿轮箱的增速，高速轴的转速大幅提高。

驱动发电机：高速轴连接到发电机的转子。转子的高速旋转在发电机定子线圈内产生电动势，通过电磁感应原理，将机械能转化为电能。

2. 电解水制氢

电解水制氢原理如图 5.1.4 所示。

电解槽结构：电解槽内装有电解质溶液(通常是酸性或碱性溶液)和两极(阳极和阴极)。电解质溶液可以是氢氧化钠(NaOH)或硫酸(H_2SO_4)。

电流作用：在电解槽中通入直流电，阳极与直流电源的正极相连，阴极与直流电源的负极相连。

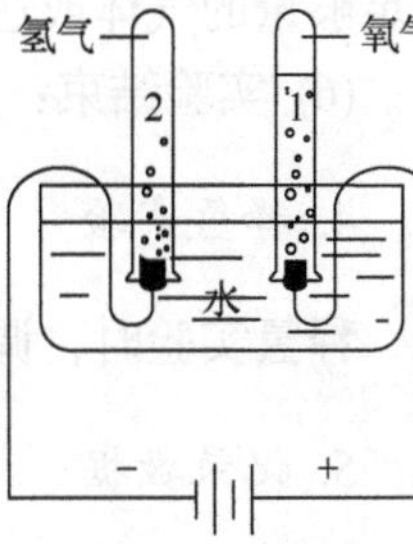

电解反应：在阳极(正极)，水分子在阳极上失去电子发生氧化反应，生成氧气和氢离子。反应式为

$$2H_2O \longrightarrow O_2 + 4H^+ + 4e^- \tag{5.1.1}$$

图 5.1.4 电解水制氢
原理示意图

在阴极(负极)，水分子在阴极上得到电子发生还原反应，生成氢气和氢氧根离子。反应式为

$$2H_2O + 2e^- \longrightarrow H_2 + 2OH^- \tag{5.1.2}$$

气体收集：在电解过程中，生成的氢气在阴极处释放，氧气在阳极处释放。通过适当的装置可以分别收集氢气和氧气。

总体反应式为

$$2H_2O(L) \longrightarrow 2H_2(G) + O_2(G) \tag{5.1.3}$$

5.1.4 实验方法及步骤

1. 整体检查

检查风机是否固定良好，检查电解槽、电极、氢气输出管道状态是否良好，储气罐连接是否正常，系统各阀门及电源开关是否处于默认位置。

2. 风力发电实验

(1) 将风力发电机的输出端与电压表、电流表及负载相连。

(2) 确保连接正确并紧固。使用连接线将风力发电机、测量仪表和负载形成闭合电路。

(3) 将风扇放置在风力发电机的正前方，确保风能直接吹向风轮。

(4) 调整风扇与风轮之间的距离，使风力能够有效推动风轮旋转。

3. 电解水制氢实验

(1) 准备电解槽：在电解槽中加入足够量的水，如果需要增加水的导电性，可以溶解少量的氢氧化钠。

(2) 安装电极：将两根石墨棒(或其他电极材料)通过导线连接到电源的正负极，确保电极牢固地固定在电解槽两侧，并且电极下端浸入水中。

(3) 设置收集装置：使用胶带或橡胶塞在电极上方固定注射器或透明塑料管，以便于收集产生的气体。注意，应单独设置两个收集装置分别收集氢气和氧气。

(4) 进行电解：打开电源，开始电解过程。观察电极附近产生的气泡。通常，电极的负极(阴极)产生的氢气比正极(阳极)产生的氧气多，比例约为 2∶1。

(5) 收集气体：随着电解进行，气体气泡会上升并进入收集装置。继续电解直到收集到足够量的气体或达到实验目的为止。

  (6) 实验结束：关闭电源，拆卸实验设备。

  4. 释氢实验

  释氢实验时，调节储氢罐温度，通过压力调节阀，调节氢气流量。

  5. 记录数据

  记录不同实验工况条件下的各实验参数内容，并绘制曲线。

  6. 分析数据

  (1) 将所有数据整理在数据记录表中，绘制关系曲线。
  (2) 分析风力发电机在不同风速条件下的发电效率和功率输出变化规律。

  7. 实验结束

  (1) 按顺序依次关闭风力发电模块、制氢模块、储氢模块、发电模块，并断开电源。
  (2) 将实验设备整理归位，清理实验场地。

5.1.5　实验报告

  (1) 报告内容包括实验目的、实验原理和实验装置。
  (2) 依据不同实验内容，撰写如下相关实验报告。
  ① 风力发电基础理论原理性实验。
  ② 风力发电相关测量技术实验。
  ③ 风力发电控制技术实验。
  ④ 不同转速下风力发电曲线实验。
  ⑤ 风况检测实验。
  ⑥ 独立风机系统实验。
  ⑦ 不同电解质(如 KOH、NaOH、H_2SO_4 等)对制氢效率的影响实验。
  ⑧ 电解过程中的电压、电流和能耗，计算制氢效率和电解电池的能效比。
  ⑨ 不同温度和压力下电解水的制氢效率和能耗实验。
  ⑩ 电解水制氢系统的能量效率，能量损失环节分析实验。
  ⑪ 电解水制氢效率测量实验。
  ⑫ 电解水制氢流量计量控制实验。
  ⑬ 电堆输出和尾气分析实验。

5.1.6　实验注意事项

  (1) 风力发电机组需设置卸负荷装置，以防止风机飞车。
  (2) 严格检查氢气、氧气储罐，防止氢气泄漏。
  (3) 实验水温工况应从低温至高温，实验段水温最高不得超过 80℃。
  (4) 水温加热、顶流递增应缓慢进行，防止氢气大量溢出，导致系统压力增长过快。

(5) 实验室场地内应加装氢气检测报警器，防止氢气泄漏，报警器发生报警后，应停止实验，开窗通风。

5.2   风力发电与氢能耦合实验

风力发电与氢能耦合实验是一个结合了风力发电和氢能技术的综合性研究项目。这个实验旨在探索如何通过风氢耦合系统实现可再生能源的高效利用和储存。核心是风氢耦合系统，该系统主要包括风电场、电解槽、储氢设备等组件。风电场产生的电能除了满足即时用电需求外，多余的部分将通过电解槽进行电解水制氢，将电能转化为氢能形式进行储存。当风力资源不足或用电需求增加时，储存的氢能可以通过转化处理再次转化为电能，以满足用电需求。

5.2.1   实验目的

(1) 深入理解风力发电的基本原理、关键部件及其运行特性。
(2) 掌握氢能储存与转换的基本原理、关键技术及其在实际应用中的优势。
(3) 学习并实践风力发电与氢能系统的耦合技术，理解其在提高能源利用效率和促进能源可持续发展方面的作用。
(4) 通过实验操作，培养学生的实践操作能力、问题解决能力以及综合分析能力。

5.2.2   实验装置

风力发电及氢能耦合实验台如图 5.2.1 所示，主要包括以下设备。
(1) 小型风力发电机组模型，包括风轮、齿轮箱、发电机等部件。
(2) 电解水制氢设备，包括电解槽、电源、气体收集装置等。
(3) 氢能储存装置，如高压氢气罐或金属氢化物储氢材料。
(4) 氢能发电设备，如燃料电池或氢气燃烧器。
(5) 数据采集与监控系统，用于实时监测并记录风速、发电机输出、电解效率、氢气产量、氢能发电效率等关键参数。

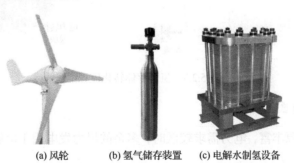

(a) 风轮   (b) 氢气储存装置   (c) 电解水制氢设备
图 5.2.1   风力发电及氢能耦合实验台

5.2.3   实验原理

风力发电与氢能耦合系统原理如图 5.2.2 所示，其中各主要模块原理如下。

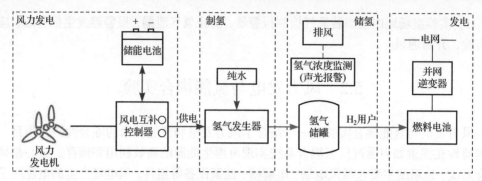

图 5.2.2　风力发电与氢能耦合系统原理图

1. 风力发电

(1) 风轮捕获风能，将其转化为机械能。

(2) 机械能通过齿轮箱增速后，驱动发电机旋转。

(3) 发电机将机械能转化为电能输出。风力发电原理如图 5.1.3 所示。

2. 氢能储存与转换原理

(1) 电解水制氢：利用电能将水分解为氢气和氧气，实现电能到氢能的转换。

(2) 氢能发电：通过燃料电池或氢气燃烧，将氢能转换为电能或热能，如图 5.2.3 所示。

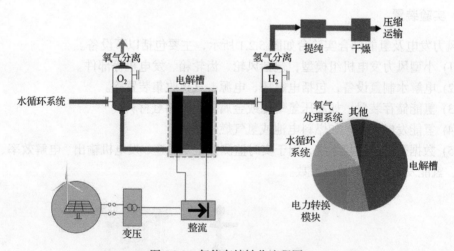

图 5.2.3　氢能存储转化流程图

3. 风力发电与氢能耦合原理

(1) 当风力资源丰富，电力需求较低时，多余的风力发电用于电解水制氢，实现电能的储存。

(2) 当风力资源不足或电力需求高峰时，利用储存的氢能进行发电，补充或替代风力发电，保证电力系统的稳定运行。风力发电与氢能耦合原理如图 5.2.4 所示。

5.2.4　实验方法及步骤

（1）实验准备：检查所有实验器材是否完好，确保电源、水源等供应正常；安装并调试风力发电机组模型，确保其能够正常工作；准备电解水制氢设备，包括配置电解液、检查电解槽密封性等；准备氢能存储设备，确保其处于安全可用的状态。

（2）风力发电系统调试与运行：启动风力发电机组，观察并记录风速、发电机转速、输出电压和电流等参数；调整风力

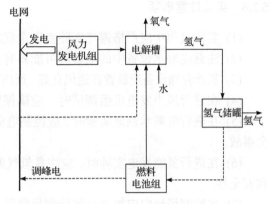

图 5.2.4　风力发电与氢能耦合原理图

发电机组的角度和高度，以获取最佳的风能捕获效果；分析风力发电系统的性能，并讨论影响其性能的关键因素。

（3）电解水制氢实验：将风力发电系统产生的电能接入电解水设备，开始制氢实验；观察并记录电解过程中的电流、电压、气体产量等参数；分析电解效率，并讨论影响电解效率的因素及优化方法。

（4）氢能储存与利用：将制得的氢气储存到氢能存储设备中，记录储存压力和储存量；讨论氢能储存的安全性和可行性，以及不同储存技术的优缺点；在需要补充电能或用电高峰时，利用储存的氢能进行发电实验；观察并记录氢能发电过程中的输出电压、电流和发电效率等参数。

（5）数据分析与结论：利用数据采集与监控系统，分析风力发电与氢能耦合系统的整体性能；计算并比较不同条件下的能量转换效率，评估系统的经济性和环保性；根据实验结果，讨论风力发电与氢能耦合技术在未来能源领域的应用前景。

5.2.5　实验报告

（1）报告内容包括实验目的、实验原理和实验装置。

（2）依据不同实验内容，撰写如下相关实验报告。

① 风力发电系统的风速变化影响实验。

② 风机过功率保护实验。

③ 风机超速保护实验。

④ 电解水制氢经济性分析实验。

⑤ 不同储氢方式储量和储氢密度关系。

⑥ 储氢材料在不同温度、压力下的储氢性能。

⑦ 储氢材料在不同条件下的氢气释放特性，包括释放速率和释放温度。

⑧ 材料的循环使用性能，多次吸放氢后的储氢能力变化。

⑨ 燃料电池控制系统的组成和控制方法。

⑩ 电堆的 IV 极化特性曲线、电堆的功率特性曲线、环境改变对电堆性能的影响。

5.2.6　实验注意事项

(1) 实验过程中应严格遵守实验室安全规定，佩戴必要的防护装备。

(2) 注意电解水设备中的电解液可能具有腐蚀性，避免直接接触皮肤或眼睛。

(3) 氢能存储设备应放置在通风良好、远离火源的地方，并定期检查其密封性和安全性。

(4) 在进行风力发电机组调试时，应确保周围无人员或障碍物，避免发生意外。

(5) 在进行电解水制氢实验时，应控制电流和电压在合理范围内，避免设备损坏或安全事故。

(6) 在进行氢能发电实验时，应注意氢气的流量和压力控制，确保发电过程的稳定性和安全性。

(7) 实验室场地内应加装氢气检测报警器，防止氢气泄漏，报警器发生报警后，应停止实验，开窗通风。

5.3　风力发电与飞轮储能综合实验

风力发电与飞轮储能综合实验是一个集风能转换、电力储存与释放于一体的综合性研究项目。其目标在于探索风能发电与飞轮储能技术的有效结合，以实现可再生能源的高效利用和稳定供电。

5.3.1　实验目的

(1) 研究和验证飞轮储能在风力发电系统中的实际应用效果和性能。

(2) 飞轮储能系统能够在风力发电中起到平滑功率波动、提高电网稳定性和提升风电利用效率的作用。

5.3.2　实验装置

图 5.3.1 为风力发电与飞轮储能实验台，包括储能飞轮、风力发电机、充电控制器、

(a) 储能飞轮　　　　　　　(b) 并网逆变器　　　　　　　(c) 储能电池

(d) 风力发电机　　　　(e) 充电控制器

图 5.3.1　风力发电与飞轮储能实验台

并网逆变器和数据采集系统、电力电子设备及连接线和接口等。

储能飞轮：实验的核心部分，包括飞轮本体、机侧变流器和网侧变流器。飞轮本体由飞轮转子、径向机械轴承、轴向磁轴承、电动机/发电机、磁轴承控制器、冷却系统、真空泵、转子外壳等部分组成。飞轮由高强度材料制成，具有高转动惯量和高旋转速度。电动机/发电机为双向转换装置，可以将电能转化为动能，也可以将动能转化为电能。轴承系统可在低摩擦或无摩擦轴承支撑下旋转。外壳可保护飞轮和系统的安全运行。

风力发电机：用于模拟风力发电过程中的风速变化和功率输出，可以是实际的小型风力发电机或者通过软件模拟的虚拟风力发电系统。

充电控制器、并网逆变器和数据采集系统：监控和控制飞轮的速度、电动机/发电机的工作状态，确保系统稳定高效运行，记录和分析飞轮储能系统的运行数据，包括转速、功率、效率等关键参数。

电力电子设备：包括用于驱动飞轮转子加速旋转的电力电子装置，以及用于将飞轮转子的动能转换回电能并输送给电网的电力电子装置。

连接线和接口：用于连接储能飞轮与风力发电机、功率分析仪、充电控制器等设备。

储能电池：作为平衡器，快速响应风力发电的功率波动，平抑不稳定性，保障电网的平稳运行。通过充放电操作，存储并释放多余风能，优化能源配置，提高风电的利用率和经济性，推动可再生能源的可持续发展。

5.3.3 实验原理

风力发电与飞轮储能综合实验的原理如图 5.3.2 所示，飞轮储能系统能够有效地平滑风力发电的功率波动，提高风电并网的稳定性。飞轮储能系统通过电力电子装置驱动飞轮转子加速旋转，将电能转换并储存为机械能；放电时，通过电力电子装置将飞轮转子的机械能转换成电能，供应给电网或负载。这一过程涉及电能与机械能的相互转换。风力发电的功率波动较大，通过飞轮储能阵列的快速充放电特性，可以有效抑制这些波动，使得风电输出功率更加平稳，满足电网的接入要求。

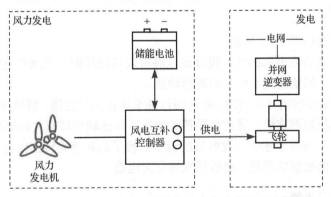

图 5.3.2 风力发电与飞轮储能综合实验的原理示意图

1. 飞轮储能

飞轮储能装置结构如图 5.3.3 所示，系统能量从外界输入后，电动机将在电力电子输入设备的驱动下带动飞轮高速旋转，这一过程相当于给飞轮储能系统充电，当飞轮转子达到一定工作转速时，电力电子输入设备停止驱动电动机，系统完成充电；当外界需要能量输出时，高速旋转的飞轮转子降低转速，通过发电机的发电功能将机械能转化成电能释放，通过给负载提供能量，完成系统的放电过程。

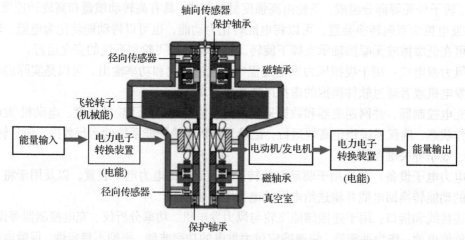

图 5.3.3　飞轮储能装置结构示意图

系统存储的能量计算如下：

$$E = \frac{1}{2}J\omega^2 \tag{5.3.1}$$

式中，E 为飞轮存储的能量，J；J 为飞轮的转动惯量，$\mathrm{kg \cdot m^2}$；ω 为飞轮旋转的角速度，rad/s。

其中，转动惯量计算公式如下：

$$J = kmr^2 \tag{5.3.2}$$

式中，m 为质量，kg；r 为旋转半径，m；k 为系数，飞轮质量分布均匀时取 0.5，质量完全集中在边缘时取 1。

2. 风力发电

风力发电原理如图 5.1.3 所示。

风能捕捉：风力发电机的叶片设计成能够有效捕捉风能。当风吹过叶片时，由于叶片的形状和角度，风能转化为叶片的旋转动能。

叶片转动：风能推动叶片转动，叶片通过轴承连接到齿轮箱，将低速、高扭矩的旋转转换为高速、低扭矩的旋转。通过齿轮箱的增速，高速轴的转速大幅提高。

驱动发电机：高速轴连接到发电机的转子。转子的高速旋转在发电机定子线圈内产生电动势，通过电磁感应原理，将机械能转化为电能。

5.3.4　实验方法及步骤

1. 飞轮实验

(1) 确认所有设备和材料完好。

(2) 安装和固定飞轮储能系统，确保其安全运行。

(3) 连接电动机/发电机、速度传感器和温度传感器到数据记录仪。

(4) 检查飞轮储能系统的电气连接和机械部件，确保无松动或损坏。

(5) 将直流电源连接到电动机，启动电动机，使飞轮开始加速旋转。

(6) 逐渐增加电动机的输入电压，记录不同电压下飞轮的转速和输入电流。

(7) 在飞轮达到不同转速时，停止加速，记录飞轮的稳定转速。

(8) 多次重复充电和放电过程，记录每次的充放电时间、输入输出电能和效率。

(9) 分析飞轮储能系统的充放电特性和响应速度。

(10) 整理和分析实验数据，绘制飞轮转速-动能曲线和充放电效率曲线。

(11) 总结实验结果，分析飞轮储能系统的性能特点和改进方向。

2. 风力发电实验

(1) 将风力发电机的输出端与电压表、电流表及负载相连。

(2) 确保连接正确并紧固。使用连接线将风力发电机、测量仪表和负载形成闭合电路。

(3) 将风扇放置在风力发电机的正前方，确保风能直接吹向风轮。

(4) 调整风扇与风轮之间的距离，使风力能够有效推动风轮旋转。

5.3.5　实验报告

(1) 报告内容包括实验目的、实验原理和实验装置。

(2) 依据不同实验内容，撰写如下相关实验报告。

① 飞轮储能效率实验。

② 飞轮释能效率实验。

③ 飞轮摩擦损失测试实验。

④ 飞轮转速测定及功率控制实验。

⑤ 充放电特性和响应速度。

⑥ 重复性效率实验。

5.3.6　实验注意事项

(1) 安全第一：遵守实验室安全规程，确保所有操作符合安全标准；使用适当的个人防护装备，如绝缘手套、安全眼镜等；确保所有电气连接正确无误，避免短路或触电事故。避免机械伤人，实验过程中保持与风机、飞轮的安全距离。

(2) 系统兼容性：确保风力发电机和飞轮储能系统的技术参数相互匹配，以实现最佳性能；检查变流器和其他电力电子设备是否能够适应风力发电的波动性和飞轮储能的快速响应需求。

(3) 定期校准测量设备，确保数据的准确性和一致性。

5.4　光伏发电及制氢储能耦合实验

光伏发电及制氢储能耦合实验是一个集光伏发电技术、电解水制氢技术以及储能技术于一体的综合性研究项目。该实验旨在探索光伏发电与制氢储能技术的有效结合，以实现可再生能源的高效利用和长期储存。

5.4.1　实验目的

(1) 建立并优化光伏发电、电解水制氢、储氢工艺实验机型。

(2) 测定不同光伏的情况下，电解水制氢的效率。

(3) 增加光伏发电、电解水制氢、储能工艺研究方面的感性认识。

5.4.2　实验装置

　　光伏发电及制氢储能耦合实验台由光伏发电、电解水制氢、储氢工艺三大系统组成，如图 5.4.1 所示。光伏发电系统主要设备包括太阳能电池板、光伏逆变器、光伏控制器、蓄电池。如果输出电源为交流 220 V 或 110 V，需要配置逆变器。电解水制氢系统主要设备包括可调电源、水电解槽、氢(氧)气液分离器、氢(氧)气冷却器、氢(氧)气洗涤器。储氢工艺系统主要包括气体压缩机、氢气储罐等设备。

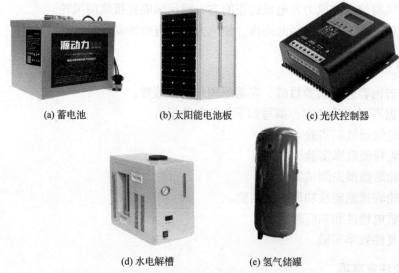

(a) 蓄电池　　　　　　(b) 太阳能电池板　　　　　　(c) 光伏控制器

(d) 水电解槽　　　　　　(e) 氢气储罐

图 5.4.1　光伏发电及制氢储能耦合实验主要设备

5.4.3　实验原理

　　图 5.4.2 为光伏发电及制氢储能耦合原理示意图。

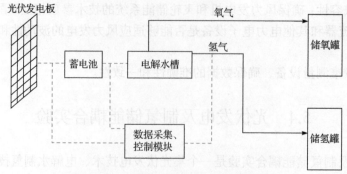

图 5.4.2　光伏发电及制氢储能耦合原理图

(1) 光伏发电制氢工艺流程：将光伏发出的电能直接通过水电解制氢设备转化为氢气。具体的过程为光伏发电→电解水→制氢制氧→氢气能源→发电、制热、炊事、取暖、交通工具使用等。

(2) 光伏发电原理：光伏发电是根据半导体 PN 结的光生伏特效应，利用太阳能电池将太阳光能直接转化为电能。

(3) 光生伏特效应，就是当物体受到光照时，物体内的电荷分布状态发生变化从而产生电动势和电流的一种效应。当太阳光或其他光照射半导体的 PN 结时，就会在 PN 结的两边出现电压，称为光生电压。可以把太阳能电池看作一个大面积平面 PN 结。当太阳光照在太阳能电池上时，一部分光子被硅材料吸收。光子的能量传递给了硅原子，使外层的电子发生跃迁，成为自由电子，并在原来的位置留下一个空穴，形成电子-空穴对，在 PN 结内建电场的作用下，光生空穴流向 P 区，光生电子流向 N 区，在 PN 结两侧集聚形成电位差，当外部接通电路时，在该电压的作用下，将会有电流流过外部电路产生一定的输出功率。

(4) 电解氢原理：在直流电作用下，在阴极，水分子被分解为氢离子和氢氧根离子，氢离子得到电子生成氢原子，并进一步生成氢分子；氢氧根则在阴、阳极之间的电场力作用下穿过多孔的隔膜，到达阳极，在阳极失去电子生成水分子和氧分子。

(5) 电解水制氢的化学式：

$$2H_2O(L) \xrightarrow{\text{通电}} 2H_2(G)+O_2(G) \tag{5.4.1}$$

(6) 氢氧化钠在其中的作用：增强导电性，因为纯水是弱电解质，导电性不好，氢氧化钠是强电解质，增加导电性。

(7) 电解出的气体会带有碱雾，因此，对产出的气体要进行脱碱雾处理。

(8) 氢气作为能源载体和储能方式，可以配合可再生能源形成低碳能源体系，是工业深度脱碳与新能源深度脱网的结合。氢气可由可再生能源制备，可再生能源发电，再电解水制氢，从源头上杜绝了碳排放。此外通过转化为氢储能，可以将可再生能源规模化引入能源体系，同时解决了可再生能源消纳问题，避免弃风、弃光、弃水现象，最终构筑以可再生能源为主体的新型电力系统。

5.4.4 实验方法及步骤

(1) 检查：检查太阳能发电板是否固定良好，检查电解槽、电极、氢气输出管道状态是否良好。

(2) 准备电解槽：在电解槽中加入足够量的水，如果需要增加水的导电性，可以溶解少量的氢氧化钠。

(3) 安装电极：将两根石墨棒(或其他电极材料)通过导线连接到电源的正负极，确保电极牢固地固定在电解槽两侧，并且电极下端浸入水中。

(4) 设置收集装置：使用胶带或橡胶塞在电极上方固定注射器或透明塑料管，以便于收集产生的气体。注意，应单独设置两个收集装置分别收集氢气和氧气。

(5) 进行电解：打开电源，开始电解过程。观察电极附近产生的气泡。通常，电极的负极(阴极)产生的氢气比正极(阳极)产生的氧气多，比例约为 2∶1。

(6) 收集气体：随着电解进行，气体气泡会上升并进入收集装置。继续电解直到收集到足够量的气体或达到实验目的为止。

(7) 实验结束：关闭电源，拆卸实验设备。可以通过点燃收集到的气体来测试其是否为氢气(氢气燃烧时会产生淡蓝色的火焰且几乎无声)。

5.4.5　实验报告

(1) 报告内容包括实验目的、实验原理和实验装置。

(2) 依据不同实验内容，撰写如下相关实验报告。

① 测试太阳光照强度与发电功率的关系并绘制曲线。

② 比较不同水温、pH、电流、电压工况下，对应电解水的效率和速率。

③ 绘制制氢效率与水温、pH、电压、电流的曲线并拟合计算关系式。

5.4.6　实验注意事项

(1) 严格检查氢气、氧气储罐，防止氢气泄漏。

(2) 实验水温工况应从低温至高温，实验段水温最高不得超过 80℃。

(3) 水温加热、顶流递增应缓慢进行，防止氢气大量溢出，导致系统压力增长过快。

(4) 实验室场地内应加装氢气检测报警器，防止氢气泄漏，报警器发生报警后，应停止实验，开窗通风。

5.5　光伏发电与电化学储能综合实验

光伏发电与电化学储能综合实验是一个综合性、探索性的实验项目，它融合了光伏发电技术和电化学储能技术，旨在深入研究二者的协同工作效果，探索更加高效、稳定的能源利用方式，核心在于构建光伏发电系统和电化学储能系统，并通过精心设计的实验流程，探究它们之间的相互作用和影响。光伏发电系统主要通过光伏电池板将太阳能转化为电能，而电化学储能系统则负责存储这些电能，并在需要时释放。

5.5.1　实验目的

(1) 通过模拟光伏发电过程，并结合电化学储能系统对电能进行储存，探究光伏发电与电化学储能的综合性能及相互影响。

(2) 掌握光伏发电与电化学储能的基本原理、实验方法以及影响系统效率的因素，培养实验技能和数据分析能力。

5.5.2　实验装置

实验所用的设备和仪器仪表由模拟光源、太阳能电池板、电化学储能设备(如锂离子电池、铅酸电池、超级电容器等)、充放电控制系统、直流负载以及测量与记录设备(如辐照计、电流表、电压表等)共五部分组成，如图 5.5.1 所示。

(a) 模拟光源　　　　(b) 太阳能电池板　　　(c) 电化学储能设备　　　(d) 光伏控制器

图 5.5.1　设备实物图

　　光伏发电与电化学储能综合实验装置系统如图 5.5.2 所示。系统中，光伏发电模拟装置由光源及单晶硅光伏电池板组成，光源可选用碘钨灯。采用辐照计测量光源辐照度，电压表、电流表测量光伏电池板的输出电压与电流。电化学储能设备即基于电化学反应的充电电池或超级电容器。充放电控制系统用以控制电化学储能设备的充放电状态，协调光伏发电和电化学储能的过程，并记录充/放电时储能设备的输入/输出电压和电流以及充放电时间。直流负载选用可调电阻箱，为电化学储能设备提供放电通道。

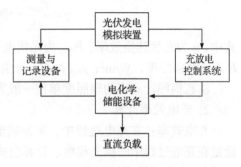

图 5.5.2　光伏发电与电化学储能综合实验
装置系统图

5.5.3　实验原理

1. 光伏发电基本原理

　　光伏发电是利用半导体光伏电池板将光能直接转变为电能的一种技术，其主要原理是半导体的光电效应。当光子照射到金属上时，它的能量可以被金属中某个电子全部吸收，电子吸收的能量足以克服金属内部引力做功，电子就会离开金属表面逃逸出来，成为光电子。硅原子有 4 个外层电子，如果在纯硅中掺入有 5 个外层电子的原子，如磷原子，就成为 N 型半导体；若在纯硅中掺入有 3 个外层电子的原子，如硼原子，就形成 P 型半导体。当 P 型和 N 型半导体结合在一起时，接触面就会形成电势差，成为太阳能电池。当太阳光照射到 PN 结后，空穴由 P 区往 N 区移动，电子由 N 区向 P 区移动，从而形成电流。

2. 电化学储能基本原理

　　电化学储能是利用电池等电化学设备，通过内部不同材料间的可逆化学反应实现电能与化学能的相互转化，完成能量的储存、释放与管理。这种转化过程主要依赖于电极材料和电解质的性质。常见的电极材料包括金属氧化物、碳材料、合金等，这些材料在充放电过程中会发生氧化还原反应；电解质在电化学储能过程中起到传递离子的作用，它可以是液态、固态或气态，具体选择取决于储能器件的类型和工作条件。在电化学储能过程中，正极和负极材料通过电解质进行离子交换和电子转移，实现电能的储存和释放。

在本实验中，光伏发电系统产生的电能将直接充电至电化学储能设备中，从而实现光伏电能与化学能的转换与储存。

3 重要性能参数的计算方法

1) 光伏转换效率计算

光伏转换效率：太阳能电池板将接收到的光能转换成电能的效率，即受光照的光伏组件输出的最大功率与入射到该光伏组件上的全部辐射功率的百分比，计算公式如下：

$$\eta = \frac{P_{\mathrm{mpp}}}{AE} \times 100\% = \frac{I_{\mathrm{mp}} U_{\mathrm{mp}}}{AE} \times 100\% \tag{5.5.1}$$

式中，η 为光伏转换效率；P_{mpp} 为光伏电池板的最大输出功率，W；A 为光伏板面积，$\mathrm{m^2}$；E 为光源辐照度，$\mathrm{W/m^2}$；I_{mp} 和 U_{mp} 分别为光伏电池板的最大输出电流和电压，A 和 V。

注意辐照计测得的辐照度单位一般为 $\mathrm{mW/cm^2}$，计算时需转换单位。

2) 充电效率计算

充电效率：在充电过程中，电池或电容器所接收的能量与输入能量之比，它反映了能量在充电过程中的损失程度。计算公式如下：

$$\eta_{\mathrm{c}} = \frac{E_{\mathrm{c}}}{E_{\mathrm{i}}} = \frac{P_{\mathrm{c}} T}{P_{\mathrm{i}} T} = \frac{P_{\mathrm{c}}}{P_{\mathrm{i}}} \times 100\% \tag{5.5.2}$$

式中，η_{c} 为电池或超级电容器的充电效率；E_{c} 为接收的能量，$\mathrm{W \cdot h}$；E_{i} 为充电电路输入的能量，$\mathrm{W \cdot h}$；P_{c} 和 P_{i} 分别为充电功率和光伏电池输入功率，W；T 为充电时间，h。

3) 库仑效率计算

库仑效率：电池或电容器在一定条件下放电至某一截止电压时放出的容量与输入的容量之比。它反映了能量在放电过程中的损失程度。计算公式如下：

$$\mathrm{CE} = \frac{C_{\mathrm{d}}}{C_{\mathrm{c}}} = \frac{I_{\mathrm{d}} t_{\mathrm{d}}}{I_{\mathrm{c}} t_{\mathrm{c}}} \times 100\% \tag{5.5.3}$$

式中，CE 为库仑效率；C_{d} 为电池或电容器放电至截止电压时放出的容量，$\mathrm{A \cdot h}$；C_{c} 为输入容量，$\mathrm{A \cdot h}$；I_{d} 和 I_{c} 分别为放电电流和充电电流，A；t_{d} 为放电至截止电压所需时间，h；t_{c} 为充电时间，h。

5.5.4 实验方法及步骤

1. 对电化学储能设备放电

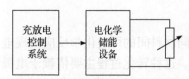

图 5.5.3　电化学储能设备放电电路
接线图

(1) 按图 5.5.3 接线，将可调电阻箱调至最大电阻挡位。

(2) 利用充放电控制系统将电化学储能设备调至放电状态。

(3) 缓慢减小可调电阻，并根据储能设备的类型在充放电控制系统设置合适的放电参数，控制放电电流大小，直至电压降至截止电压。

2. 测量光伏电池板的输出伏安特性

(1) 按图 5.5.4 接线，将可调电阻箱调至最大电阻挡位，并将电压表、电流表调至最大量程，打开光源。

(2) 逐渐减小负载电阻，使输出电压 U 按 1 V 的梯度缓慢减小，记下每个电压数据对应的电流 I 的大小。

(3) 负载调至零欧姆，此时电压为零，记下电流数据，该值即为短路电流。

(4) 关闭光源并断开负载，再打开光源，稳定后电流为零，记下电压数据，该值即为开路电压；计算输出功率 $P_0 = UI$，找出输出功率最大点，并绘制光伏电池板输出伏安特性曲线。

3. 光伏电池板直接对电化学储能设备充电

(1) 按图 5.5.5 接线，将光伏电池板的输出连接到充放电控制系统，充放电控制系统的输出连接到电化学储能装置，并将电压表、电流表调至最大量程。

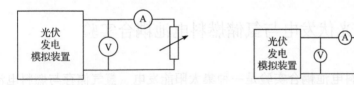

图 5.5.4　电化学储能设备放电电路接线图　　图 5.5.5　光伏发电模拟装置直接对储能设备充电

(2) 利用充放电控制系统将电化学储能设备调至充电状态,并根据电化学储能设备的类型设置合适的充电参数。

(3) 打开光源，开始计时。

(4) 控制充电电流大小，直至电压达到光伏电池板输出功率最大点对应的电压 U_{mp} 左右，关闭光源，停止充电与计时。

(5) 充电过程中，观察电压表、电流表示数和控制系统采集到的储能设备数据，每隔 1 min 记录一次光伏电池板的输出电压和电流、储能设备的充电电压和电流。

(6) 记录充电时间 t_c。

4. 储能释放

(1) 按图 5.5.3 接线，将可调电阻箱调至最大电阻挡位。

(2) 利用充放电控制系统将电化学储能设备调至放电状态,并根据储能设备的类型设置合适的放电参数。

(3) 开始计时。

(4) 控制放电电流大小，直至电压降至截止电压，停止放电与计时。

(5) 放电过程中，观察控制系统采集到的储能设备数据，每隔 1 min 记录一次电化学储能设备的放电电压和电流。

(6) 记录放电时间 t_d。

5.5.5　实验报告

(1) 报告内容包括实验目的、实验原理和实验装置。

(2) 依据不同实验内容，撰写如下相关实验报告。

① 实验目的、实验原理、实验装置、实验步骤及实验数据。

② 根据实验原理，计算光伏转换率、充放电效率、库仑效率。

③ 改变光照强度、充放电速度对各效率影响因素分析。

5.5.6　实验注意事项

(1) 为避免影响实验结果，在实验前必须先对电化学储能设备进行放电。

(2) 要确保光伏电池板清洁，并面向光源安装。

(3) 整个实验过程中，充电和放电要缓慢进行，防止过充或过放，以免损坏测量和储能设备或引起安全事故。

(4) 在接线时，确保所有电源断开，且可调电阻箱、电压表、电流表等都调至最大挡位/量程。

5.6　光伏发电与氢储燃料电池耦合实验

光伏发电与氢储燃料电池耦合实验是一种集太阳能发电、氢气储存与燃料电池发电于一体的实验。该实验旨在探究如何通过光伏发电系统产生电能，利用产生的电能电解水产生氢气进行储存，在需要时通过氢储燃料电池将氢气转化为电能供应给负载。这种耦合系统不仅提高了能源利用效率，还实现了能源的存储与调配。整个实验过程展示了可再生能源的循环利用和高效转换，为未来清洁能源利用提供了新的思路和方向。通过实验，可以深入了解光伏与燃料电池的耦合机制，为相关技术的研发和应用提供有力支持。

5.6.1　实验目的

(1) 了解光伏发电的工作原理，测量太阳能电池的伏安特性曲线及输出特性。

(2) 掌握燃料电池的结构、工作原理和输出特性。

(3) 了解光伏发电与氢储燃料电池耦合系统的能量转换过程。

5.6.2　实验装置

如图 5.6.1 所示，实验系统主要由光伏发电系统(光能-电能转换)、水电解系统(电能-氢能转换)和燃料电池系统(氢能-电能转换)三部分组成，形成了一个完整的能量转换、储存和使用的闭环。主要实验设备如图 5.6.2 所示。

光伏发电系统包括射灯和太阳能电池板。使用射灯对太阳能电池板进行照射以提供所需的光照条件。电解水系统主要包括电解池、气水塔、水阀和输气管开关。气水塔为电解池提供纯水(蒸馏水)，可分别储存电解池产生的氢气和氧气。每个气水塔都是上下两层结构，上下层之间通过插入下层的连通管连接，上层有一输气管连接到燃料电池。初始

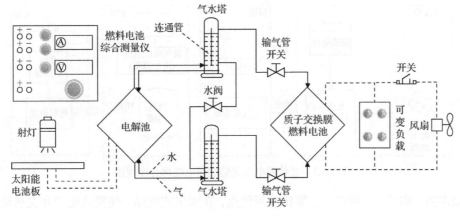

图 5.6.1　实验系统图

(a) 蓄电池　　　　(b) 太阳能电池板　　　(c) 氢气发生器

(d) 氢气储罐　　(e) 光伏控制器　　　(f) 燃料电池　　(g) 并网逆变器

图 5.6.2　主要设备实物图

时，下层充满水，电解池工作时，产生的气体会汇聚在下层顶部，通过输气管输出。若关闭输气管开关，气体产生的压力会使水从下层进入上层，而将气体储存在下层的顶部，通过管壁上的刻度可知储存气体的体积。两个气水塔之间还有一个水连通管，加水时打开该连通管使两塔水位平衡，实验时切记关闭该连通管。燃料电池系统主要包括质子交换膜燃料电池、燃料电池综合测量仪、可变负载、风扇和开关。风扇作为质子交换膜燃料电池产生电能的定性证明，燃料电池综合测量仪用来测量电压和电流，可变负载用来改变质子交换膜燃料电池的负载大小。

5.6.3　实验原理

光伏发电与氢储燃料电池耦合原理如图 5.6.3 所示。

1. 质子交换膜燃料电池的工作原理

质子交换膜燃料电池是一种可以将燃料中的化学能直接转化为电能的能量转换装置，

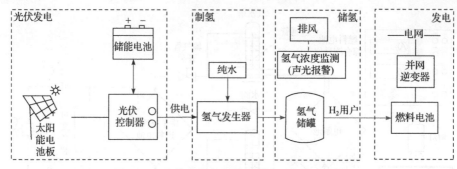

图 5.6.3 光伏发电与氢储燃料电池耦合原理图

具有效率高、启动快、噪声小、零排放等优点，在固定式电站、便携式电源和交通运输等领域具有广阔的应用前景。

图 5.6.4 为质子交换膜燃料电池的基本结构，其主要由流场板、扩散层、催化层和质子交换膜组成。质子交换膜是一层厚度通常仅为 0.05～0.1 mm 的固体聚合物薄膜，其是质子交换膜燃料电池的核心部件，它不渗透气体和电子，是一种良好的质子导体，其主要的功能是传导质子以及使阴极、阳极两侧的反应气体分离开来。催化层是由碳载体上的贵金属催化剂(通常是铂)组成的多孔电极，该层是电化学反应发生的场所。催化剂颗粒的主要作用是对阴极、阳极两侧的电化学反应起到催化作用。扩散层一般由碳纤维复合材料(如碳纸或碳布)构成，导电性能良好，其上的微孔提供了反应气体和产物进出催化层的通道。流场板一般由导电良好的石墨或金属做成，其上加工有供气体流通的通道，它兼顾收集、传导电流以及支撑整个燃料电池的作用。

如图 5.6.4 所示，氢气通过阳极流场板输送到燃料电池的阳极侧，然后通过阳极扩散

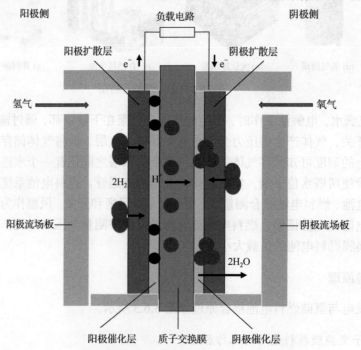

图 5.6.4 质子交换膜燃料电池的基本结构及工作原理图

层的多孔结构扩散到阳极催化层。在催化剂的作用下，氢气被氧化为质子和电子。质子通过质子交换膜迁移到阴极，而电子则通过外电路传递到阴极侧。该过程可表示为

$$H_2 \longrightarrow 2H^+ + 2e^- \tag{5.6.1}$$

在阴极侧，氧气或空气通过阴极流场板输送到燃料电池的阴极侧，然后通过阴极扩散层传输到阴极催化层。在阴极催化层中，氧气被还原，并与质子和电子结合形成水。该过程发生的化学反应可表示为

$$\frac{1}{2}O_2 + 2H^+ + 2e^- \longrightarrow H_2O \tag{5.6.2}$$

总的化学反应为

$$H_2 + \frac{1}{2}O_2 \longrightarrow H_2O \tag{5.6.3}$$

注：在电化学中，失去电子的反应称为氧化，得到电子的反应称为还原。发生氧化反应的电极是阳极，发生还原反应的电极是阴极。对燃料电池而言，阴极是电的正极，阳极是电的负极。

2. 水电解的工作原理

将水电解可产生氢气和氧气，与上述质子交换膜燃料电池中氢气和氧气反应生成水互为逆过程。如图 5.6.5 所示，可在图右边电极接电源正极形成电解的阳极，在其上发生氧化反应：

$$2H_2O \Longrightarrow O_2 + 4H^+ + 4e^- \tag{5.6.4}$$

左边电极接电源负极形成电解的阴极，阳极产生的氢离子通过质子交换膜到达阴极后，发生还原反应：

$$2H^+ + 2e^- \Longrightarrow H_2 \tag{5.6.5}$$

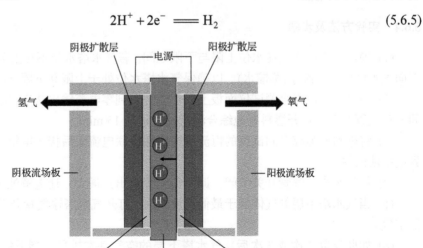

图 5.6.5　水电解的工作原理图

燃料电池和电解装置的扩散层、催化层等结构在制造上通常有些差别，燃料电池的

扩散层、催化层等结构应利于气体吸纳，而电解装置需要尽快排出气体。燃料电池阴极产生的水应随时排出，以免阻塞气体通道，而电解装置的阳极必须被水淹没。

3. 光伏发电的工作原理

光伏发电的工作原理基于半导体界面的光生伏特效应，是一种将光能直接转变为电能的技术，其关键元件是太阳能电池。太阳能电池利用半导体 PN 结受光照射时的光伏效应发电，其基本结构是一个大面积平面 PN 结。

如图 5.6.6 所示，P 型半导体中有相当数量的空穴，几乎没有自由电子。N 型半导体中有相当数量的自由电子，几乎没有空穴。当两种半导体结合在一起形成 PN 结时，N 区的电子(带负电)向 P 区扩散，P 区的空穴(带正电)向 N 区扩散，在 PN 结附近形成空间电荷区与势垒电场。势垒电场会使载流子向扩散的反方向漂移运动，最终扩散与漂移达到平衡，使流过 PN 结的净电流为零。在空间电荷区内，P 区的空穴被来自 N 区的电子复合，N 区的电子被来自 P 区的空穴复合，使该区内几乎没有能导电的载流子，又称为结区或耗尽区。

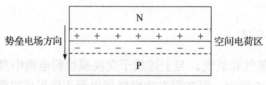

图 5.6.6　半导体 PN 结示意图

当太阳能电池受光照射时，部分电子被激发而产生电子-空穴对，在结区激发的电子和空穴分别被势垒电场推向 N 区和 P 区，使 N 区有过量的电子而带负电，P 区有过量的空穴而带正电，PN 结两端形成电压，这就是光生伏特效应，若将 PN 结两端接入外电路，就可向负载输出电能。

5.6.4　实验方法及步骤

(1) 确认气水塔水位在水位上限与下限之间。若气水塔水位不在上限和下限之间，可以向气水塔中加入纯水(蒸馏水)，以确保气水塔水位处于上限和下限之间。

(2) 把燃料电池综合测试仪面板上的恒流源调到零电流输出状态，关闭两个气水塔之间的输气管开关，打开燃料电池综合测试仪，预热 15 min。

(3) 将燃料电池综合测试仪的恒流源输出端串联电流表后接入电解池,将电压表并联到电解池两端。

(4) 将气水塔输气管开关关闭，调节恒流源输出到最大，让电解池迅速产生气体。

(5) 当气水塔下层的气体低于最低刻度线时，打开气水塔输气管开关，排出气水塔下层空气。

(6) 如此反复 2 次或 3 次后，气水塔下层的空气基本排尽，剩下的就是纯净的氢气和氧气。

(7) 调节恒流源的输出电流，待电解池输出气体稳定后(约 1 min)，关闭气水塔输气管开关。

(8) 测量输入电流、电压及产生一定体积气体所需的时间(用秒表记录)，并记录。

(9) 由式(5.6.5)计算氢气产生量的理论值，并与氢气产生量的测量值比较。

(10) 若不管输入电压与电流大小，氢气产生量只与电量成正比，且测量值与理论值接近，即验证了法拉第定律。

(11) 将电解池输入电流保持在 300 mA，关闭风扇，将电压测量端口接到燃料电池输出端。

(12) 打开燃料电池与气水塔之间的输气管开关，等待约 10 min，让燃料电池中的燃料浓度达到平衡值，电压稳定后记录开路电压值。

(13) 将电流量程按钮切换到 200 mA，可变负载调至最大，电流测量端口与可变负载串联后接入燃料电池输出端，逐渐改变负载电阻的大小，稳定后记录电压、电流值。

(14) 负载电阻猛然调得很低时，电流会猛然升到很高，甚至超过电解电流值，这种情况是不稳定的，重新恢复稳定需较长时间。为避免出现这种情况，输出电流高于 210 mA 后，每次调节减小电阻 0.5 Ω，输出电流高于 240 mA 后，每次调节减小电阻 0.2 Ω，每测量一点的平衡时间稍长一些(约需 5 min)。稳定后记录电压、电流值。

(15) 作出所测燃料电池的极化曲线和输出功率随输出电压的变化曲线，并求出该燃料电池最大输出功率和最大输出功率时对应的效率。

(16) 切断电解池输入电源，把太阳能电池的电压输出端连入电解池。

(17) 断开可变电阻负载，打开风扇作为负载，并打开太阳能电池上的射灯，观察仪器的能量转换过程：光能→太阳能电池→电能→电解池→氢能(能量储存)→燃料电池→电能。

(18) 观察完毕，关闭风扇和燃料电池与气水塔之间的输气管开关，并将燃料电池综合测试仪电压源输出端口旋钮逆时针旋到底。

(19) 将电流测量端口与可变负载串联后接入太阳能电池的输出端，将电压表并联到太阳能电池两端，断开回路，测量开路电压 U_{oc}。

(20) 调节射灯与太阳能电池板之间的距离，使得 $U_{oc}=3.10$ V，将可变负载调至最大再连接好回路。

(21) 逐步改变可变负载的电阻，测量输出电压、电流值，并计算输出功率，记录数据。

(22) 作出所测太阳能电池的伏安特性曲线和功率随输出电压的变化曲线，求出该太阳能电池的短路电流 I_{sc}、最大输出功率 P_m、最大工作电压 U_m、最大工作电流 I_m 和填充因子 FF。

(23) 实验完毕，切断燃料电池综合测试仪的开关和太阳能电池的光源开关，拆除导线，规整好实验仪器。

5.6.5　实验报告

(1) 报告内容包括实验目的、实验原理和实验装置。

(2) 依据不同实验内容，撰写如下相关实验报告。

① 实验目的、实验装置、实验原理、实验方法、实验结果和实验总结。

② 计算氢气产生量的理论值与测量值，分析产生误差的原因。

③ 绘制燃料电池的极化曲线、功率-电压变化曲线，计算最大输出功率时对应的效率。

④ 绘制太阳能电池的伏安特性曲线、功率-电压变化曲线，确定 I_{sc}、P_m、U_m、I_m 和 FF 等参数。

⑤ 储氢材料在不同温度、压力下的储氢性能。

⑥ 储氢材料在不同条件下的氢气释放特性，包括释放速率和释放温度。

⑦ 材料的循环使用性能，多次吸放氢后的储氢能力变化。

⑧ 太阳能电池板开路电压测试实验。

⑨ 太阳能电池板短路电流测试实验。

⑩ 太阳能电板 I-V 特性测试实验。

⑪ 太阳能电池板最大输出功率计算实验。

⑫ 太阳能电池板填充因子计算实验。

⑬ 太阳能电池板转换效率测量实验。

5.6.6　实验注意事项

(1) 实验系统必须使用去离子水或二次蒸馏水，容器必须清洁干净，否则将损坏系统。

(2) 电解池的最高工作电压为 6 V，最大输入电流为 1000 mA，否则将损害电解池。

(3) 电解池所加的电源极性必须正确，否则将毁坏电解池并有起火燃烧的可能。

(4) 绝不允许将任何电源加于燃料电池输出端，否则将损坏燃料电池。

(5) 气水塔中所加入的水面高度必须在上水位线与下水位线之间，以保证燃料电池正常工作。

(6) 气水塔加水时注意不要加到上层，否则氢气/氧气的读数将会有误差。

(7) 该系统主体是由有机玻璃制成的，使用中需小心，以免打碎和损伤。

(8) 太阳能电池板和配套光源在工作时温度很高，切不可用手触摸，以免被烫伤。

(9) 绝不允许用水打湿太阳能电池板和配套光源，以免触电和损坏该部件。

(10) 实验结束后，需要抽干气水塔中的水。

5.7　光伏发电与飞轮储能综合实验

光伏发电与飞轮储能综合实验是一个旨在深入探索光伏发电技术与飞轮储能技术相结合的实验项目。通过这一实验，学生可以进一步了解两种技术的性能特点，探索它们之间的协同工作效果，以及优化整个能源系统的效率与稳定性。飞轮储能系统作为实验的另一核心部分，其工作原理是利用高速旋转的飞轮来储存能量。在充电过程中，将光伏发电系统产生的多余电能转换为机械能，驱动飞轮高速旋转；而在放电过程中，飞轮的旋转动能则会转换为电能，以供应给用电设备。

5.7.1　实验目的

(1) 了解光伏发电的基本原理和工作过程。

(2) 掌握飞轮储能系统的基本结构和运行原理。

(3) 通过综合实验，探究光伏发电与飞轮储能系统的配合运行方式。

(4) 培养学生的实践能力和团队协作精神。

5.7.2　实验装置

单个光伏电池的输出电压和电流有限，通常将多个光伏电池串联或并联组成光伏组件(太阳能电池板)，以提供更高的电压和电流。多个光伏组件进一步组成光伏阵列，通过逆变器将直流电转换为交流电，供给家庭、工业或电网使用。实验装置系统如图 5.7.1 所示。

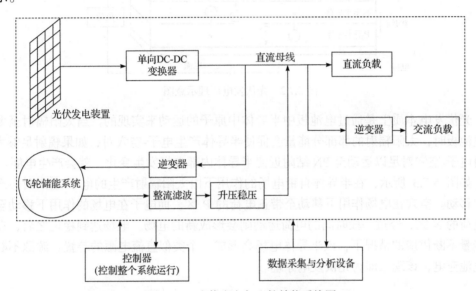

图 5.7.1　光伏发电与飞轮储能系统图

该系统主要包括以下模块。

光伏组件：由多个光伏电池组成，用于吸收太阳能并产生直流电。

支架和跟踪系统：用于固定和调整光伏组件的角度，以优化太阳能吸收。

逆变器：将光伏组件产生的直流电转换为交流电，以便与电网或用电设备匹配。

配电设备：包括电缆、开关、断路器等，用于连接和保护光伏系统。

储能电池：由于光伏的不稳定性，通过蓄能电池将减小发电系统波动，并无法立刻将转化的电能储存起来。

监控和控制系统：用于实时监测光伏系统的运行状态，优化发电效率和安全性。

5.7.3　实验原理

1. 光伏发电原理

光伏效应：半导体材料在吸收光子能量后，产生电子-空穴对，并通过电场将电子和空穴分离，从而产生电流。光伏电池通常由硅材料制成，分为单晶硅、多晶硅和薄膜电池等类型。当光子(太阳光中的能量粒子)照射到光伏电池上时，光子的能量被半导体材料吸收。吸收的能量使得电子从价带跃迁到导带，形成自由电子(负电荷)和空穴(正电荷)。每个光伏电池由一个 PN 结组成，PN 结是由 P 型半导体和 N 型半导体结合形成的。在 PN 结处存在内建电场，这个电场能够将光生的电子和空穴分离。自由电子被驱动到 N 型半导体一侧，空穴则被驱动到 P 型半导体一侧。由于电场的作用，电子和空穴分别在半导体材料中移动，形成电流，如图 5.7.2 所示。

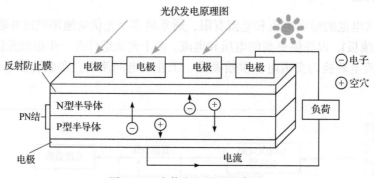

图 5.7.2　光伏发电原理示意图

光伏发电本质上是通过电池板中半导体中原子的运动来实现的，当太阳辐射至太阳能电池板时，太阳辐射的那部分能量会促使半导体产生电子-空穴对，如果辐射足够大，使得电子-空穴对足以运动至 PN 结附近使半导体内部电场发生变化，就会产生电能。

如图 5.7.3 所示，在半导体自带电场的作用下由太阳辐射产生的电子-空穴对会产生定向移动。空穴在电场作用下移动至带正电荷的 P 区，而电子在电场的作用下移动至带负电荷的 N 区，经过一段时间的电荷运动则会形成新的电场。电场达到稳定之后，在太阳能量不断供应的情况下，该半导体电场会形成一个类似直流电源的装置，源源不断地给电池充电，该现象即为光伏发电原理。

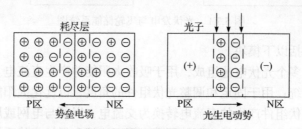

图 5.7.3　光伏电池原理图

以电路知识为基础，根据光伏电池的运行输出特性将光伏发电基本原理等效为电路，即为图 5.7.4 所示光伏电池的单二极管型等效电路。

如图 5.7.4 所示，I_{ph} 为光伏电池内部的光生电流，是由光伏电池受到阳光照射而产生的，它的大小和光伏电池的光照有效面积及太阳光的辐射强度成正比；I_D 为光伏电池内部电流，它的存在是由于在不同的温度下，光伏电池内部的 PN 结产生的扩散电流；U_D 为二极管两端的端电压；U_{oc} 为输出端的开路电压；I_L 为有输出负载时的输出负载电流；R_s 为电池内部的等效串联电阻，它的存在主要是由电池内部存在的体电阻、PN 结自生的电阻和电极与电极间或者电极与硅片间的固有电阻等造成的，但是阻值一般都比较小，不会大于 1Ω，有时可以忽略；R_{sh} 为电池内部的等效旁路电阻，它的存在是由光伏电池暴露在环境中表面附着的各种污物以及制造缺陷和 PN 结漏电阻等造成的，电阻值一般较大，可到几千欧姆；R_L 为外接的负载电阻，和外界的负载属性有关。对模型进行适当简化，可以设 $R_s \to 0$，$R_{sh} \to \infty$，可得简化过后的等效电路模型，如图 5.7.5 所示。

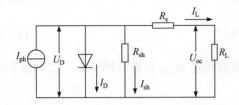 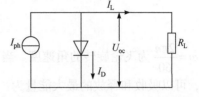

图 5.7.4　光伏电池的单二极管型等效电路模型　　　图 5.7.5　光伏电池的简化等效电路模型

列出光伏电池等效电路的电流、电压特性的关系式为

$$I_L = I_{ph} - I_D \tag{5.7.1}$$

$$I_D = I_o \left(e^{\frac{qU_D}{AkT}} - 1 \right) \tag{5.7.2}$$

式中，I_o 为光伏电池内部由于存在 PN 结而产生的反向饱和电流，其大小只和本身的制作材料的相关属性有关；q 为电子电荷，取 1.6×10^{-19}C；k 为玻尔兹曼常量；T 为环境的热力学温度。

光伏电池的输出功率 P 为

$$P = U_L I_L = U_L I_{ph} - U_L I_o \left(e^{\frac{qU_D}{AkT}} - 1 \right) \tag{5.7.3}$$

2. 飞轮储能原理

利用高速旋转的飞轮存储动能，通过电能与机械能之间的转换实现储能和释能。飞轮储能系统的主要构成元件包括高速飞轮、电力电子设备、电动机/发电机、真空室、磁轴承系统及其他附加设备等，如图 5.3.3 所示。

飞轮储能单元实际是控制其内部电机运行在电动机和发电机两种模式下来实现其充放电，并且有充电、待机、放电三种状态。

充电状态：外界的电能经过逆变器将直流电逆变成三相交流电，驱动电机加速旋转，电机作为电动机运行，与电机同轴的飞轮同时进行加速储能，将外界的电能转换为动能，并将能量存储在旋转的飞轮中。

待机状态：当飞轮的转速达到设定的最高转速时，飞轮储能单元进入能量保持阶段，此时飞轮储能单元会吸收少量电能以维持飞轮的转速恒定。

放电状态：飞轮利用自身的惯性驱动电机发电，飞轮的转速下降，电机作为发电机运行，能量由动能转换为电能，经电力电子变换器整流，将三相交流电转换为直流电输给负载供能。

飞轮存储能量的计算公式为

$$E = \frac{1}{2} J \omega^2 \tag{5.7.4}$$

式中，J 为飞轮的转动惯量。假设飞轮转子的质量为 m，材料的密度为 ρ，飞轮圆盘半径为 r，高度为 h，则有

$$J = \frac{1}{2}mr^2 \tag{5.7.5}$$

$$m = \rho\pi hr^2 \tag{5.7.6}$$

$\omega = \dfrac{2\pi n}{60}$ 为飞轮旋转的角速度。当飞轮在最高转速 $\omega_{\max}$ 和最低转速 $\omega_{\min}$ 之间循环运转时，可以吸收和释放的最大能量为

$$W = \frac{1}{2}J\left(\omega_{\max}^2 - \omega_{\min}^2\right) \tag{5.7.7}$$

由式(5.7.4)可知，可通过检测 ω 的大小准确计算出飞轮储能系统剩余容量。

光伏发电与飞轮储能系统综合工作模式有三种。

工作模式 1：光伏发电独立供电。光照充足时，光伏发电系统独立给直流母线供电，满足负载需要。同时检测飞轮储能系统的剩余电量，如果剩余电量小于设定值，则进入充电状态，由直流母线对其进行充电，当飞轮储能充满时，关闭充电状态，维持飞轮储能系统待机状态。

工作模式 2：双重供电。当光线强度不充足时，可能导致光伏发电系统输出电压不稳定，则由飞轮储能系统对母线电压进行补偿，此时控制系统会根据母线电压的大小控制飞轮储能系统的输出，使母线电压保持稳定。

工作模式 3：飞轮储能系统独立供电。当光照极弱或黑暗状态时，可以看成光伏发电系统无法进行电能输出，则直流母线完全由飞轮储能系统进行供电，飞轮储能系统处于发电状态。

5.7.4　实验方法及步骤

1. 实验准备

检查所有实验器材是否完好无损，确保能够正常工作。

搭建实验平台，连接光伏发电板、飞轮储能系统、逆变器和负载等。

2. 光伏发电实验

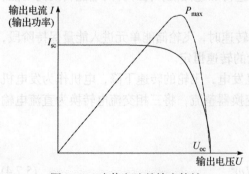

图 5.7.6　光伏电池的输出特性

在一定的光照条件下，改变太阳能电池负载电阻的大小，测量其输出电压与输出电流，得到输出伏安特性，如图 5.7.6 实线所示。

负载电阻为零时测得的最大电流 I_{sc} 称为短路电流。负载断开时测得的最大电压 U_{oc} 称为开路电压。输出电压与输出电流的最大乘积值称为最大输出功率 $P_{\max}$。

太阳能电池的输出功率为输出电压与

输出电流的乘积。同样的电池及光照条件，负载电阻大小不一样时，输出的功率是不一样的。若以输出电压为横坐标，输出功率为纵坐标，绘出的 P-U 曲线如图 5.7.6 虚线所示。

填充因子 FF 定义为

$$FF = \frac{P_{max}}{U_{oc}I_{sc}} \tag{5.7.8}$$

填充因子是表征太阳能电池性能优劣的重要参数，其值越大，电池的光电转换效率越高，一般的硅光电池 FF 值为 0.75～0.8。

转换效率 η 定义为

$$\eta = \frac{P_{max}}{P_{in}} \times 100\% = \frac{P_{max}}{SE} \times 100\% \tag{5.7.9}$$

式中，P_{in} 为入射到太阳能电池表面的光功率；S 为光垂直照射到太阳能电池板上的面积；E 为照射到太阳能电池板上的光强。

理论分析及实验表明，在不同的光照条件下，短路电流随入射光功率线性增长，而开路电压在入射光功率增加时只略微增加，如图 5.7.7 所示。

根据以上说明，进行如下操作。

(1) 将光伏发电板置于光照充足的地方，记录光照强度 S。

(2) 连接光伏发电板与逆变器，将直流电转换为交流电。

(3) 通过数据采集设备，记录不同光照强度下的发电功率 P 和输出电压 U。

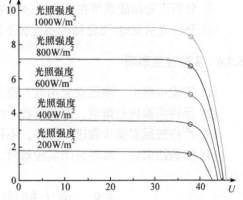

图 5.7.7　不同光照条件下的 I-U 曲线

选取 $S_{ref} = 1000\ W/m^2$ 为参考太阳辐射强度，$T_{ref} = 25℃$ 为参考温度，测定光照强度为 100、200、300、400、500、600、700、800、900、1000 (单位为 W/m²) 下的输出电压；负载选择负载模块的可调电阻，阻值可设置为 50 Ω，计算不同光照强度下的发电功率和转换效率。

3. 飞轮储能实验

根据实验原理部分及飞轮储能系统的详细说明可知，飞轮储存的能量为 $E = \frac{1}{2}J\omega^2$，其中，J 为飞轮的转动惯量，$\omega = \frac{2\pi n}{60}$ 为飞轮转动的角速度。设预定转速为 ω_0，实时转速为 ω_t，则能量变化为 $E' = \frac{1}{2}J(\omega_t^2 - \omega_0^2)$。

飞轮的充电效率定义为充电结束后，飞轮转速(单位为 r/min)由 n_b 升到 n_t，飞轮所具有的动能 E_d 与电机控制系统输入电能 E_i 之比，即

$$\eta_c = \frac{E_d}{E_i} \tag{5.7.10}$$

$$E_d = \frac{1}{1800}\pi^2 J\left(n_t^2 - n_b^2\right) \tag{5.7.11}$$

根据以上说明，进行如下操作。

(1) 启动飞轮储能系统，使其达到预定转速 ω_0。

(2) 通过控制器，对飞轮储能系统进行充电(储能)和放电(释能)操作。

(3) 记录飞轮储能系统在充放电过程中的转速变化、功率输出、充电效率等数据。

5.7.5　实验报告

(1) 报告内容包括实验目的、实验原理和实验装置。

(2) 依据不同实验内容，撰写如下相关实验报告。

① 实验步骤、实验数据分析和结论。

② 分析光伏发电功率与光照强度的关系。

③ 分析飞轮储能系统在充放电过程中的效率变化。

④ 分析光伏发电-飞轮储能系统在不同光照条件下的运行特性。

5.7.6　实验注意事项

(1) 实验过程中，注意安全用电，避免触电事故。

(2) 保持实验场地整洁，避免杂物干扰实验。

(3) 严格按照实验步骤进行操作，不得随意更改实验器材的连接方式。

(4) 实验结束后，及时关闭实验器材，整理实验现场。

5.8　重力储能发电伺服控制实验

重力储能发电伺服控制实验是一个集重力储能技术、发电技术以及伺服控制技术于一体的综合性研究项目。这个实验旨在探索通过精确控制伺服系统来实现重力储能装置的高效、稳定发电，并优化其性能。

5.8.1　实验目的

(1) 理解和掌握重力储能发电系统的基本工作原理。

(2) 学习伺服控制系统在重力储能发电中的应用及其对发电效率的影响。

5.8.2　实验装置

本实验装置旨在研究和验证重力储能发电系统在伺服控制下的性能表现。实验系统由以下关键组件构成，设备实物图如图 5.8.1 所示。

(1) 伺服电机：作为系统的核心驱动部件，伺服电机负责控制重物的提升与下降过程，确保精确的能量转换。电机的转速和力矩可通过伺服控制器精确调节。

(a) 伺服电机　　　　(b) 电机控制器

图 5.8.1　设备实物图

(2) 重物提升机构：包括一套精密设计的滑轮和链条系统，用于将重物提升至预定高度。提升机构的设计确保了操作的平稳性和安全性。

(3) 重物：作为能量储存的媒介，重物通常为质量较大的金属块或水袋，其质量和形状经过精心设计，以适应不同的实验需求。

(4) 发电机：当重物在伺服电机的控制下下降时，其机械能通过发电机转换为电能。发电机的输出参数，如电压和电流，是评估系统性能的关键指标。

(5) 伺服控制器：该控制器接收来自系统传感器的实时数据，并根据预设的控制算法调节伺服电机的工作状态，以达到最优的能量转换效率。

(6) 传感器套件：包括位置传感器、速度传感器和负载传感器，用于监测系统的实时状态并提供反馈给伺服控制器。

(7) 数据采集与处理系统：负责收集传感器数据，并将其传输至上位机进行分析和存储。系统能够实时监控实验过程，并支持后续的数据回放和分析。

(8) 用户操作界面：提供一个直观的用户界面，允许操作者输入实验参数、启动实验过程、监控实验状态，并在实验结束后导出数据。

(9) 安全装置：包括紧急停止按钮和过载保护系统，确保在任何异常情况下实验的安全进行。

整个实验装置设计紧凑，操作简便，同时具备高度的安全性和可靠性。通过本实验装置，学生可以深入探究重力储能发电系统在不同控制策略下的性能变化，为进一步优化系统设计和控制算法提供实验依据。

5.8.3　实验原理

重力储能发电系统通过提升一定质量的重物来储存势能，当重物在重力作用下自然下落时，势能转化为机械能，进而通过发电机转换为电能(图 5.8.2)。

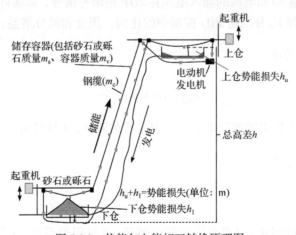

图 5.8.2　势能与电能相互转换原理图

伺服控制系统(图 5.8.3)在此过程中起到至关重要的作用，它能够精确地控制电机的工作状态，以调节重物的提升和释放速度，从而优化发电效率和响应速度。

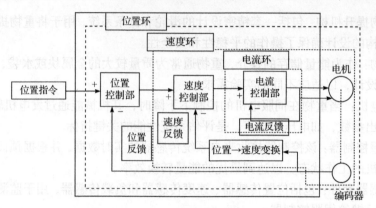

图 5.8.3　伺服控制系统

1. 势能与电能转换效率

$$\eta = \frac{P_{输出}}{mgh} \tag{5.8.1}$$

式中，η 是能量转换效率；$P_{输出}$ 是发电机输出的电功率；m 是重物的质量；g 是重力加速度(约为 9.81 m/s²)；h 是重物提升的高度。

2. 伺服控制系统控制算法

伺服控制系统通常采用 PID(比例-积分-微分)控制算法来调节电机的运行，以达到预定的控制目标。

$$u(t)^0 = K_p e(t)^0 + K_i \int_0^t e(\tau)^0 \mathrm{d}\tau^0 + K_d \frac{\mathrm{d}e(t)^0}{\mathrm{d}t} \tag{5.8.2}$$

式中，$u(t)^0$ 是控制输入(如电机的输入电压)；$e(t)^0$ 是误差信号，即实际输出与期望输出之间的差值；K_p、K_i 和 K_d 分别是 PID 控制中的比例、积分和微分增益；τ 是时间变量。

3. 发电机输出功率

$$P_{输出} = \eta^0 mgh \frac{v_{电机}}{t} \tag{5.8.3}$$

式中，$P_{输出}$ 是发电机输出的电功率；$v_{电机}$ 是电机的转速；t 是时间。

4. 电机动力学方程

$$T_{电机} = J \frac{\mathrm{d}v}{\mathrm{d}t} + bv \tag{5.8.4}$$

式中，$T_{电机}$ 是电机的扭矩；J 是系统的转动惯量；b 是阻尼系数；v 是电机的转速；t 是时间。

通过上述公式，可以分析和计算重力储能发电系统的性能，以及伺服控制系统对系统性能的影响。实验中，通过调整伺服控制器的参数(K_p、K_i 和 K_d)，可以优化系统的能量转换效率和响应特性。

5.8.4 实验方法及步骤

(1) 实验准备：阅读并理解实验指导书，确保对实验目的、原理和步骤有清晰的认识。检查所有实验器材，包括重力储能发电系统、伺服控制器、负载模拟器、数据采集与分析系统等，确保它们处于良好的工作状态。

(2) 系统搭建：根据实验要求搭建重力储能发电系统，包括安装提升机构、电机、发电机等关键组件。确保所有机械连接件连接牢固，电气连接正确无误。

(3) 伺服控制器配置：连接伺服控制器至电机，并根据实验要求设置控制器参数，如控制模式、目标位置、速度限制等。进行伺服系统的初步测试，确保电机能够按照预定参数准确运行。

(4) 负载模拟器设置：将负载模拟器连接到发电系统，设置合适的负载条件以模拟实际发电过程。确认负载模拟器的工作状态，确保其能够提供所需的负载变化。

(5) 数据采集系统连接：将数据采集系统连接至伺服控制器和负载模拟器，确保能够实时记录电机的运行数据和负载变化。检查数据采集系统的设置，确保采样率和数据精度符合实验要求。

(6) 实验运行：启动伺服控制系统，按照预设的发电计划进行实验。观察系统运行情况，确保电机按照预定轨迹提升和释放重物，发电机稳定发电。

(7) 数据记录与分析：实时记录电机的运行数据，包括速度、位置、电流、电压等。根据实验数据，分析伺服控制系统的性能，如响应速度、稳定性和能量转换效率。

(8) 系统优化：根据数据分析结果，调整伺服控制器参数，优化系统性能。重复实验，验证优化后系统的性能提升。

(9) 实验总结：完成所有实验步骤后，对实验结果进行总结和讨论。撰写实验报告，包括实验目的、步骤、结果、分析和结论。

(10) 设备清理与维护：实验结束后，关闭所有设备，断开电源。清理实验现场，对设备进行必要的维护和保养。

5.8.5 实验报告

(1) 报告内容包括实验目的、实验原理和实验装置。

(2) 依据不同实验内容，撰写如下相关实验报告。

① 重力储能实验原理和装置认知。

② 不同高度下的势能储存量实验。

③ 储能效率/功率实验。

④ 释放能效率/功率实验。

⑤ 循环充放电效率实验。

⑥ 伺服控制系统的响应曲线和稳定性分析。

⑦ 系统能量损耗及测量误差分析。

5.8.6 实验注意事项

(1) 安全操作：严格遵守实验安全规程，确保实验过程中人员和设备的安全。

(2) 设备维护：定期对发电系统和伺服控制器进行维护检查，确保设备良好运行。

(3) 数据准确性：确保数据采集和处理的准确性，避免因操作不当导致数据失真。

(4) 实验过程中应避免突然改变电机负载，以免损坏设备。

(5) 实验结束后，应正确关闭所有设备，并进行系统冷却。

5.9　智能微网综合实验

智能微网综合实验是一个涉及多种能源技术、信息技术和控制技术的综合性研究项目。该实验旨在构建一个高效、可靠、智能的微型电网系统，以实现对可再生能源的有效利用、能源的优化配置以及电网的稳定运行。

5.9.1　实验目的

(1) 理解智能微电网的概念及其在现代能源系统中的作用。

(2) 学习微电网中包括分布式能源资源、储能系统和负载的集成和互动。

(3) 熟悉微电网的控制策略，包括能源优化、负载管理和岛屿模式运行。

(4) 分析在不同条件下微电网的运行性能，理解能源流动和电力调度过程。

5.9.2　实验装置

图 5.9.1 为典型的智能微电网系统，包括分布式能源资源模拟器、储能系统、微电网控制器、负荷模拟器、监测设备及安全保护系统等。

(1) 分布式能源资源模拟器：光伏板模拟器、风力发电机。

(2) 储能系统：模拟电池存储装置。

(3) 微电网控制器：负责协调和控制微电网内的能源流动和分配。

(4) 负荷模拟器：模拟微电网内部和外接负荷。

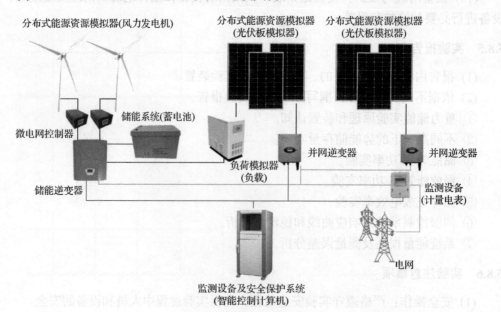

图 5.9.1　智能微电网示意图

(5) 监测设备：用于实时监控电压、电流、功率和其他关键参数。
(6) 安全保护系统：确保实验过程中的人员和设备安全。

5.9.3 实验原理

智能微电网利用先进的控制技术实现对分布式能源、负荷和储能设备的高效管理。通过模拟不同的运行条件，包括负荷变化、能源供应变化和外部环境影响，研究如何优化能源使用，提高能源效率，保证微电网的稳定运行。图 5.9.2 为智能微电网原理图。

5.9.4 实验方法及步骤

1. 系统初始化

检查所有连接是否正确无误并确保安全保护措施到位。
初始化分布式能源、储能系统和负荷模拟器到基础设定状态。

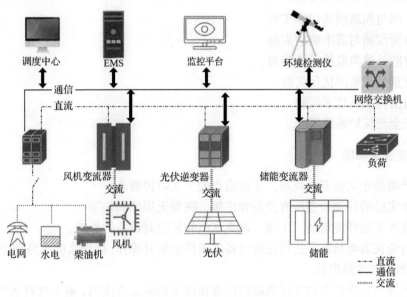

图 5.9.2 智能微电网原理图

2. 基础操作

开启监测设备，实时查看各项参数。
启动分布式能源模拟器，模拟不同的能源输入条件。

3. 控制策略实施

应用负荷管理控制策略，观察和记录系统响应。
实施储能管理策略，评估其对系统稳定性的影响。

4. 性能分析

在不同的模拟情景下，记录微电网的运行数据。

分析数据，评估微电网的能源效率和稳定性。

5. 实验结束

关闭所有设备，确保数据保存完整。

撰写实验报告，总结实验结果和收获。

5.9.5　实验报告

(1) 报告内容包括实验目的、实验原理和实验装置。

(2) 依据不同实验内容，撰写如下相关实验报告。

① 智能微电网的组成原理的认知。

② 分布式能源整合实验。

③ 储能系统性能测试实验。

④ 微电网控制策略实验。

⑤ 并网与孤岛模式切换实验。

⑥ 负荷预测与需求响应实验。

⑦ 智能计量与监控系统实验。

⑧ 能量管理系统优化实验。

⑨ 通信与星系技术实验。

⑩ 安全与保护系统实验。

5.9.6　实验注意事项

(1) 严格遵守实验安全规程，穿戴适当的个人防护装备。

(2) 在实验前仔细检查所有设备和连接，确保无损坏和松动。

(3) 确保实验环境清洁、干燥，避免水汽和灰尘对设备的影响。

(4) 避免在通电状态下进行任何设备的连接或断开操作。确保实验电路和设备接地良好，预防漏电和短路事故。

(5) 确保负载模拟器和实际负载的设置在设备的额定范围内，避免过载运行。监控负载变化，及时调整实验参数，防止超负荷。

(6) 实验结束后，及时关闭所有电源和设备，保持实验台和设备的整洁。

5.10　新能源分布式发电系统储能装置实验

　　新能源分布式发电系统储能装置实验聚焦于研究如何通过先进的储能技术，优化新能源(如太阳能、风能)分布式发电系统的运行效率和稳定性。实验中，模拟了真实环境下的分布式发电场景，通过安装和配置不同类型的储能装置来观察和分析它们在不同工作条件下的性能表现，记录储能装置的充放电效率、循环寿命、响应时间等关键参数，并分析参数对系统整体性能的影响。

　　通过实验，能够深入理解新能源分布式发电系统中储能装置的作用机制，为储能技术的优化和应用提供科学依据，推动新能源电力系统的可持续发展。

5.10.1　实验目的

(1) 了解储能电池组充、放电特性。

(2) 了解储能逆变器对电池充电过压、放电欠压的保护特性。

(3) 了解储能装置手动离网特性。

(4) 了解储能装置自动离网切换功能。

(5) 了解储能逆变器孤岛模式下黑启动特性。

(6) 了解储能逆变器转换效率。

5.10.2　实验装置

储能装置主要由储能电池及储能逆变器等组成，储能电池采用的胶体电池组的容量为 3 kW·h，储能逆变器为电网和储能装置之间提供电气接口，主要功能和作用是实现交流电网电能与储能之间的能量双向传递。在放电时将储能装置的直流电能转换成交流电能送入电网，而在充电时将电网电能转换成直流电能送入储能装置中。系统主要实物图如图 5.10.1 所示。

(a) 储能逆变器　　　　(b) 储能电池

图 5.10.1　新能源分布式发电系统储能主要设备

5.10.3　实验原理

新能源分布式发电系统储能装置原理如图 5.10.2 所示。为实现有功功率调节功能，电池储能系统应能接收并实时跟踪执行储能电站监控系统发送的有功功率控制信号，根据并网侧电压频率、储能电站监控系统控制指令等信号自动调节有功输出，确保其最大输出功率及功率变化率不超过给定值，以便在电网故障和特殊运行方式下保证电力系统稳定性。

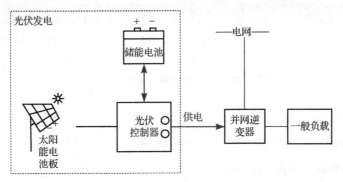

图 5.10.2　新能源分布式发电系统储能装置原理图

低电压穿越指双向变流器具有一定的电压异常耐受能力，避免在电网电压异常时无条件脱离，引起电网电源的损失。当电池储能系统交流侧电压在电压轮廓线及以上的区域内时，电池储能系统必须保证不间断并网运行；交流侧电压在电压轮廓线及以下的区域内，允许电池储能单元系统脱离电网。

　　储能可以抑制风力发电和光伏发电的短期波动(分钟级或秒级)和长期波动(小时级)，从而提高可再生能源输出的稳定性。根据电网出力计划，控制储能电池的充放电功率，使得电站的实际功率输出尽可能地接近计划出力，从而增加可再生能源输出的稳定性。储能技术是解决具有间歇性、波动性和不可准确预测性的可再生能源接入电网问题的一种重要方案，可显著提高电网对大规模可再生能源的接纳能力。

　　逆变器的整机效率是指逆变器将输入的直流功率转换为交流功率的比值，即逆变器接收多大输入直流功率通过内部逆变，再经过部分滤波输入到电网的交流功率之间的一个比值。然而，逆变器的这种转换效率永远都小于1，也就说明逆变器内部的逆变电路以及相关器件都有一定的损耗，需要消耗部分能量，所以输出功率都会比输入功率小。整机转换效率的数学表达式：逆变器转换效率=逆变输出功率／逆变输入功率×100%。

5.10.4　实验方法及步骤

1. 储能电池组充电特性实验

　　将系统切换至"手动"控制模式进行操作，在并网模式下启动 PCS(power control system, 电力控制系统)后将 SOC(state of charge, 电池荷电状态)放电到50%左右，然后开始进行恒交流功率充电，观察电池电压与电流曲线的变化并记录。

　　在"系统控制"(图5.10.3)界面中，进行如下操作。

　　(1) 单击"自动／手动切换"按钮，切换到"手动"控制模式下。

　　(2) 单击"并网／离网切换"按钮，将系统切换为"并网"模式。

　　(3) 单击"PCS启停"按钮，在"并网"模式下启动PCS。

　　(4) 单击"PCS功率给定"文本框，输入正值即电池通过PCS放电，放电至SOC值为50%左右，在文本框内输入负值即对电池充电，观察电池电压、电流的变化并在"能量管理系统"中导出电池电压、电流曲线。

图5.10.3　能量管理系统手动模式界面

2. 储能电池组放电特性实验

　　在"系统控制"(图5.10.3)界面中，进行如下操作。

(1) 单击"自动／手动切换"按钮，切换到"手动"控制模式下。

(2) 单击"并网／离网切换"按钮，将系统切换为"并网"模式。

(3) 单击"PCS 启停"按钮，在"并网"模式下启动 PCS。

(4) 单击"PCS 功率给定"文本框，输入"正数"(可满功率放电)，即电池通过 PCS 放电。

(5) 在"能量管理系统"界面中调出电池电压与电流曲线观察其变化并记录。

3. 储能逆变器充电保护特性实验

在系统运行过程中，观察储能逆变器，当电池为充电状态时，可在 PCS 主控界面 (图 5.10.4)中进行如下操作。

(1) 单击图 5.10.4 主控界面中的"AUTHORITY"按钮，输入密码"1"进入图 5.10.5 所示电池参数设置界面。

(2) 单击电池参数设置界面(图 5.10.5)中"MAX"输入框设置 DC280V 电压值。

(3) 在"能量管理系统"中调出电池电压与电流曲线，观察充电末期曲线的变化。

(4) 实验结束后根据电池额定电压及给定数据对逆变器参数进行修正。

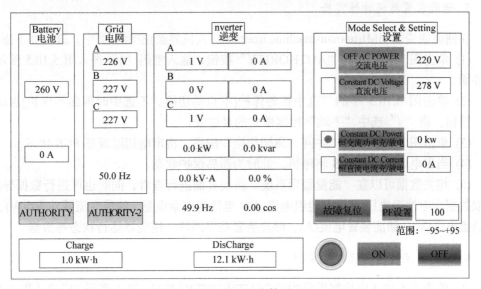

图 5.10.4　PCS 主控界面

4. 储能逆变器放电保护特性实验

在系统运行过程中，观察储能逆变器，当电池为放电状态时，可在如图 5.10.4 所示界面中进行如下操作。

(1) 单击图 5.10.4 主控界面中的"AUTHORITY"按钮，输入密码"1"进入图 5.10.5 所示电池参数设置界面。

(2) 单击电池参数设置界面(图 5.10.5)中"MIN"输入框设置 DC220V 电压值。

(3) 在"能量管理系统"中调出电池电压与电流曲线，观察放电末期曲线的变化。

(4) 实验结束后根据电池额定电压及给定数据对逆变器参数进行修正。

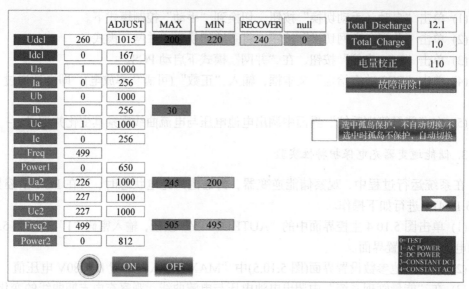

图 5.10.5　电池参数设置界面

5. 储能装置离网特性实验

在储能逆变器 HMI(human-machine interface, 人机界面)控制界面中, 进行如下操作。

(1) 单击图 5.10.4 中的 "AUTHORITY" 按钮, 输入密码 "1" 进入图 5.10.5 所示设置界面。

(2) 单击图 5.10.5 中的 "选中孤岛保护(不自动切换 / 不选中时孤岛不保护)自动切换" 按钮, 将 "√" 选中 "手动" 控制模式的复选框。

(3) 单击图 5.10.3 中的 "并网 / 离网切换" 按钮, 将市电切除观察 PCS 状态。

(4) 当市电切除后, PCS 将停机, 此时为孤岛保护状态。

(5) 相关数据可以在 "能量管理系统" 曲线界面进行查看, 同时也可进行数据导出。读取数据为电池组电压(V)、电池组电流(A)、电池组剩余电量、储能变流器功率(kW)、储能装置电压(V)、储能装置电流(A)、储能装置功率因数、逆变器运行状态等数据。

6. 储能装置自动切换功能实验

(1) 单击图 5.10.4 中控制界面中的 "AUTHORITY" 按钮, 输入密码 "1" 进入图 5.10.5 所示设置界面。

(2) 单击图 5.10.5 中的 "选中孤岛保护(不自动切换 / 不选中时孤岛不保护)自动切换" 按钮, 将 "√" 取消, 使系统恢复到 "自动" 控制模式。

(3) 单击图 5.10.3 中的 "并网 / 离网切换" 按钮, 将市电切除观察 PCS 状态。

(4) 读取 "能量管理系统" 数据并记录。

7. 储能逆变器孤岛模式下启动特性实验

在 PCS 储能逆变器 HMI 操作界面中进行如下操作。

(1) 将 PCS 储能逆变器柜体中 "市电接入" 断路器断开。

(2) 单击图 5.10.3 中 "PCS 启停" 按钮等待系统启动。

(3) 待系统正常运行后，观察并记录数据。

8. 储能逆变器转换效率实验

在 PCS 储能逆变器 HMI 操作界面中，进行如下操作。

(1) 单击图 5.10.3 中"PCS 启停"按钮，启动储能逆变器。

(2) 在"PCS 功率给定"文本框内输入负值给电池充电。

(3) 记录图 5.10.4 中"电池"的电压、电流值，"逆变"的功率值。

(4) 计算充电时的逆变效率并记录(直流功率／交流功率×100%=充电逆变效率)。

(5) 在"PCS 功率给定"文本框内输入正值，电池放电。

(6) 记录图 5.10.4 中"电池"的电压、电流值，"逆变"的功率值。

(7) 计算放电时的逆变效率并记录(交流功率／直流功率×100%=放电逆变效率)。

5.10.5　实验报告

(1) 实验目的(简要)。

(2) 实验基础知识内容(简要)。

(3) 实验步骤(简要)。

(4) 根据实验过程分析得出实验结论。

(5) 根据在"能量管理系统"中读取的电池组剩余电量、电池组电压(V)、电池组电流(A)、储能变流器功率(kW)、储能装置电压(V)、储能装置电流(A)，绘出储能电池组充放电特性曲线并计算出储能双向逆变器的效率。

5.10.6　实验注意事项

(1) 严格遵守实验安全规程，穿戴适当的个人防护装备。

(2) 在实验前仔细检查所有设备和连接，确保无损坏和松动。

(3) 确保实验环境清洁、干燥，避免水汽和灰尘对设备的影响。

(4) 避免在通电状态下进行任何设备的连接或断开操作。确保实验电路和设备接地良好，预防漏电和短路事故。

(5) 确保负载模拟器和实际负载的设置在设备的额定范围内，避免过载运行。监控负载变化，及时调整实验参数，防止超负荷。

(6) 实验结束后，及时关闭所有电源和设备，保持实验台和设备的整洁。

5.11　新型储能硬件在环控制综合实验

新型储能硬件在环控制综合实验是一个涉及先进储能控制技术、信息技术和仿真技术的综合性研究项目。该实验旨在构建一个高效、智能、可靠的储能硬件在环仿真平台，以实现对储能并网控制器中并网功率控制、离网电压频率控制等核心策略的闭环测试，指导储能控制器控制参数的设计，支撑储能相关工程的落地应用。

5.11.1　实验目的

(1) 掌握实时数字仿真器(real-time digital simulator，RTDS)的基本原理。

(2) 学会利用 RTDS 搭建储能控制器的硬件在环仿真平台。

(3) 掌握储能并网变流器的基本控制策略，包括并网功率控制和离网电压频率控制。

(4) 使用 RTDS 分析不同模式、不同工况下储能系统输出功率、电压、电流的变化和动态响应性能。

5.11.2 实验装置

实时数字仿真器(RTDS)不仅具有数值仿真准确性，而且还能将电力系统状态通过 I/O 接口实时输出至工作站或外部装置，从而与实际设备构成硬件在环的半实物实时仿真系统，广泛应用于电力系统实时仿真和装备的测试。图 5.11.1 为典型的 RTDS 硬件在环仿真平台，包括上位机 1、上位机 2、NovaCor 仿真器、I/O 板卡、储能控制器、下载器等。

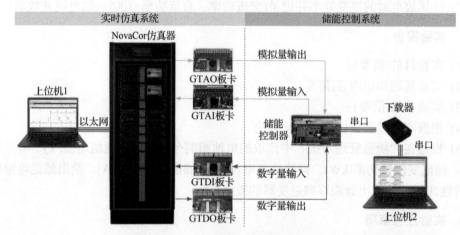

图 5.11.1　RTDS 硬件在环仿真平台示意图

(1) 上位机 1：配备 RSCAD 仿真软件，用于搭建储能控制系统仿真模型，并设置输入输出接口。搭建好模型后，将其下载到 NovaCor 仿真器中，以实现储能控制系统实时仿真和数据输入/输出，并与外部储能控制器进行信息交互。

(2) NovaCor 仿真器：RTDS 的核心硬件装置，包含高速计算 CPU 和 I/O 接口等，用于实时运行储能控制系统仿真模型。

(3) I/O 板卡：包括模拟量输出(GTAO)板卡、模拟量输入(GTAI)板卡、数字量输出(GTDO)板卡、数字量输入(GTDI)板卡，用于 NovaCor 仿真器与储能控制器之间的信息通信。

(4) 储能控制器：根据 NovaCor 仿真器输出的信号和控制策略，输出控制信号，实现储能并网变流器的控制。

(5) 下载器：将储能控制算法程序下载至储能控制器芯片。

(6) 上位机 2：编写储能控制算法程序。

5.11.3 实验原理

1. 储能变流器并网电路

储能变流器并网电路形式如图 5.11.2 所示。假定变流器输出的电压等级与交流网络侧一致，储能电池经三相变流器输出电压和电感电容滤波器(LC 滤波器)滤波后连接至交流网络，三相变流器输出电压分别为 u_{Ia}、u_{Ib}、u_{Ic}；经滤波后电压分别为 u_{Fa}、u_{Fb}、u_{Fc}；交流网络侧电压分别为 u_a、u_b、u_c；L_{abc} 与 C_{abc} 分别代表滤波器中的电感与电容；R_{abc} 与 L'_{abc} 分别代表线路的电阻与电感，电阻之后电压为 u_{La}、u_{Lb}、u_{Lc}。

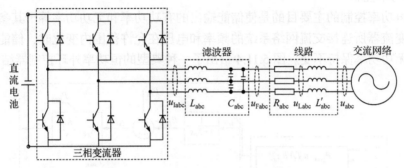

图 5.11.2　储能变流器并网电路形式

2. 储能变流器控制原理

通过控制储能变流器 IGBT 的通断，可以实现变流器出口三相电压和电流的控制，实现特定控制目标。基于正弦脉宽调制(sinusoidal PWM，SPWM)技术的变流器具有电路简单，输出电压波形谐波含量小等特点，因而得到了广泛的应用。

变流器的控制方式多种多样，目前应用较为广泛的主要是变流器双环控制。在双环控制系统中，外环控制器主要用于体现不同的控制目的，同时产生内环参考信号，一般动态响应较慢。内环控制器主要进行精细的调节，用于提高变流器输出的电能质量，一般动态响应较快。根据坐标系选取的不同，内环控制器可以分为 dqO 旋转坐标系下的控制、$\alpha\beta O$ 静止坐标系下的控制、abc 自然坐标系下的控制。当采用较简单的控制方式时，也可单独使用外环对变流器进行控制。图 5.11.3 所示为三相变流器控制系统典型结构示意图。

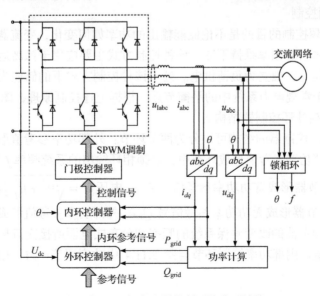

图 5.11.3　三相变流器控制系统典型结构

3. 外环控制

常见的储能变流器外环控制方法可分为：恒功率控制(又称 PQ 控制)和恒压/恒频控制(又称 V/f 控制)。

1) 恒功率控制

采用恒功率控制的主要目的是使储能输出的有功功率和无功功率等于其参考功率，即当并网变流器所连接交流网络系统的频率和电压在允许范围内变化时，储能输出的有功功率和无功功率保持不变。图 5.11.4 给出了一种典型的恒功率外环控制器结构。

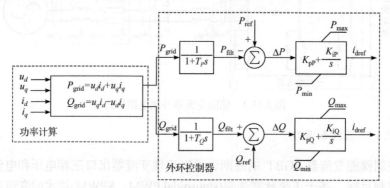

图 5.11.4　典型的恒功率外环控制器结构

图 5.11.4 中，对三相瞬时值电流 i_{abc} 与三相瞬时值电压 u_{abc} 进行 Park 变换后，得到 dq 轴分量 i_{dq}、u_{dq}，进而获得瞬时功率，所得的瞬时功率 P_{grid} 与 Q_{grid} 经低通滤波器后得到平均功率 P_{filt} 与 Q_{filt}，该量与所给定的参考信号 P_{ref} 与 Q_{ref} 进行比较，并对误差进行 PI 控制，从而得到内环控制器的参考信号 i_{dref} 与 i_{qref}。当变流器输出的功率与参考功率不等时，误差信号不为零，从而 PI 调节器进行无静差跟踪调节，直至误差信号为零，控制器达到稳态，也即逆变器输出的功率恢复至参考功率。

2) 恒压/恒频控制

采用恒压/恒频控制的目的是不论储能输出的功率如何变化，变流器所接交流母线的电压幅值和系统输出的频率维持不变，该种控制方式主要应用于孤岛运行模式，即储能系统与交流网络断开，独立为负荷供电。处于该种控制方式下的储能为系统提供电压和频率支撑，相当于常规电力系统中的平衡节点。根据上述控制原理，图 5.11.5 给出了一种典型的恒压/恒频外环控制器结构。

图 5.11.5 中，控制器的结构可以分为两个环节：外部功率参考值形成环节和内部功率控制环节。外部功率参考值形成环节中，由锁相环输出的系统频率 f 与参考频率 f_{ref} 相比较，通过 PI 调节器形成有功功率参考信号 P_{ref}；电压 $U = \sqrt{u_d^2 + u_q^2}$ 与参考电压 U_{ref} 相比较，通过 PI 调节器形成无功功率参考信号 Q_{ref}。外部功率参考值形成环节通过对有功功率和无功功率参考值的改变确保系统的频率和分布式电源所接交流母线处的电压幅值分别等于其参考值。内部功率控制环节与图 5.11.4 中功率调节一致，用于形成电流环控制的参考值。

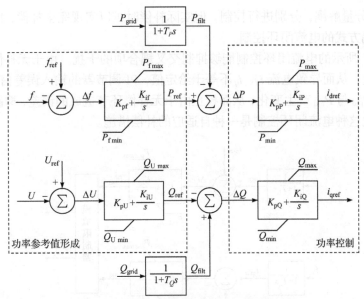

图 5.11.5　典型的恒压/恒频外环控制器结构

4. 内环控制

内环控制器主要对注入网络的电流进行调节,从而提高电能质量,改善系统的运行性能。从采取不同坐标系的角度,内环控制器又可分为 dqO 旋转坐标系控制、$\alpha\beta O$ 静止坐标系控制和 abc 自然坐标系控制。其中,dqO 旋转坐标系控制使用最为普遍。

dqO 旋转坐标系下的控制是基于 Park 变换思想,将三相瞬时值信号变换到 dqO 旋转坐标系下,从而将三相控制问题转化为两相控制问题。dqO 旋转坐标系下内环控制器的典型结构如图 5.11.6 所示。

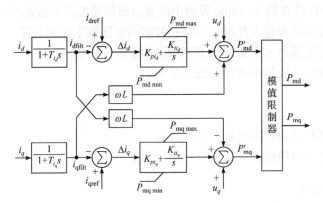

图 5.11.6　dqO 旋转坐标系下内环控制器典型结构

图 5.11.6 中,三相瞬时值电流 i_{abc} 经 Park 变换后变换为 dq 轴分量 i_{dq},然后经过低通滤波器分别得到 i_{dfilt} 与 i_{qfilt},与外环控制器输出的参考信号 i_{dfref} 与 i_{qref} 进行比较,并对误差进行 PI 控制,同时限制逆变器输出的最大电流,并通过电压前馈补偿和交叉耦合补偿,输出电压控制信号 P'_{md} 与 P'_{mq}。该控制信号经过模值限制器的限制作用,输出真正的调制信号 P_{md} 与 P_{mq}。在上述控制方式中,电压前馈补偿与交叉耦合补偿的主要目的是将并网

方程中的 dq 分量解耦，分别进行控制。但实际补偿时难以实现完全补偿，因此可采取下面所示的解耦方式的电流闭环控制。

　　图 5.11.7 所示的电流闭环控制能够抑制交叉耦合项的干扰。由于无补偿环节，电压输出存在误差，从而导致电流 i_d、i_q 不等于给定值，PI 调节器的输入误差信号 ΔI_d、ΔI_q 导致调制信号 P_{md} 与 P_{mq} 产生变化，从而校正由于无补偿环节造成的误差，抑制交叉耦合项的干扰，因此这种电流闭环控制是一种自适应的补偿措施。

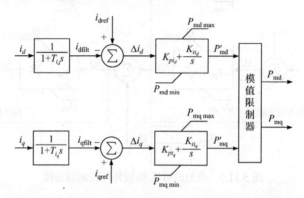

图 5.11.7　dqO 坐标系下解耦方式内环控制器典型结构

5.11.4　实验方法及步骤

1. 仿真平台搭建

(1) 在 RSCAD 软件中搭建图 5.11.2 所示储能并网系统，将储能变流器的控制方式设定为接收外部控制信号。

(2) 在 RSCAD 软件中搭建 I/O 模块接口，完成参数设置。

(3) 在 RSCAD 软件的 Runtime 界面中设置示波器等监测和控制单元。

(4) 在储能变流器中写入并网功率控制和离网电压频率控制程序。

(5) 将储能变流器与 NovaCor 仿真器通过 I/O 硬件连接。

(6) 初始化储能系统和负荷到基础设定状态。

2. 基础操作

(1) 开启 RTDS 设备，实时查看各项参数。

(2) 启动储能并网控制，观察接口数据是否正确。

3. 控制策略实施

(1) 应用储能并网功率控制策略，观察和记录系统响应。

(2) 断开储能系统和交流网络，增加负荷支路，实施储能离网电压频率控制策略，评估不同负荷功率投入下储能系统的动态响应。

4. 性能分析

(1) 在不同的模式和工况下，记录储能的运行数据。

(2) 调整储能 PI 控制参数，评估储能控制参数与动态响应特性的关系和稳定性。

5．实验结束

(1) 关闭所有设备，确保数据保存完整。
(2) 撰写实验报告，总结实验结果和收获。

5.11.5　实验报告

(1) 实验目的、实验装置、实验原理、实验方法、实验结果和实验总结。
(2) 以图表形式展示储能输出电压、电流、功率曲线，描述曲线上的关键特征，如峰值、有效值、超调量等。
(3) 解释动态响应曲线上观察到的现象，如动态响应时间等。根据动态响应性能确定储能变流器 PI 控制参数。
(4) 对比理论预期和实验结果。

5.11.6　实验注意事项

(1) 严格遵守实验安全规程，穿戴适当的个人防护装备。
(2) 在实验前仔细检查所有设备和连接，确保无损坏和松动。
(3) 确保实验环境清洁、干燥，避免水汽和灰尘对设备的影响。
(4) 确保实验电路和设备接地良好，预防漏电和短路事故。
(5) 实验结束后，及时关闭所有电源和设备，保持实验台和设备的整洁。
(6) 将实验结果与文献中的数据进行对比，以验证实验的准确性和可靠性。
(7) 进行多次实验，以确保结果的重复性和可靠性。

参 考 文 献

郭慧林, 程永亮, 李延, 等, 2023. 循环伏安法原理的分析与讨论[J]. 大学化学, 38:293-300.

郭友敏, 李秋菊, 于一, 等, 2016. 电化学阻抗谱在本科实验教学中的应用[J]. 大学物理实验, 29:4-7.

潘文豪, 2023. 锂离子电池硅基负极材料的制备及其储锂性能研究[D]. 昆明: 昆明理工大学.

王盼, 2020. 电化学阻抗谱在锂离子电池中的应用[J]. 电源技术, 44:1847-1854.

DUNN B, KAMATH H, TARASCON J M, 2011. Electrical energy storage for the grid: A battery of choices[J]. Science, 334(6058):928-935.